设 计 必 修 课

AutoCAD 室内设计

孙琪 沈震 主编

U0376463

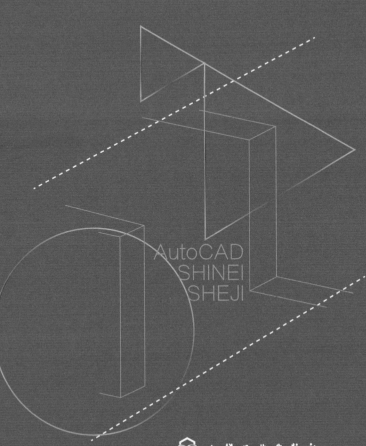

AutoCAD
SHINEI
SHEJI

化学工业出版社

·北 京·

内 容 简 介

本书主要介绍了 AutoCAD 中的常用重点技法及其在室内设计中的运用。全书共 10 章，配套约 600 分钟的微课视频。本书按照《房屋建筑制图统一标准》（GB/T 50001—2017）和《房屋建筑室内装饰装修制图标准》（JGJ/T 244—2011）中的规范要求，将 AutoCAD 中的工具由浅入深地融合到室内设计案例中进行讲解。帮助读者快速掌握 AutoCAD 的各种技巧，并进行实际项目的操作。

本书适合室内设计、环境艺术设计、建筑设计、建筑装饰等专业的学习者使用，也可以作为相关教育培训机构的教材。

随书附赠资源，请访问 https://www.cip.com.cn/Service/Download 下载。在如右图所示位置，输入"41715"点击"搜索资源"即可进入下载页面。

资源下载　381 资源

41715　　　　　　　　　　　　　　　搜索资源

图书在版编目（CIP）数据

设计必修课 . AutoCAD 室内设计 / 孙琪，沈震主编 .
—北京：化学工业出版社，2022.9（2024.2 重印）
　ISBN 978-7-122-41715-2

　Ⅰ.①设⋯　Ⅱ.①孙⋯②沈⋯　Ⅲ.①室内装饰设计 -
计算机辅助设计 -AutoCAD 软件　Ⅳ.① TU238.2-39

　中国版本图书馆 CIP 数据核字（2022）第 107704 号

责任编辑：王　斌　吕梦瑶　　　　　　　　文字编辑：冯国庆
责任校对：宋　玮　　　　　　　　　　　　装帧设计：李子姮

出版发行：化学工业出版社（北京市东城区青年湖南街13号　邮政编码100011）
印　　装：北京盛通数码印刷有限公司
710mm×1000mm　1/16　印张12¼　字数235千字　2024年2月北京第1版第2次印刷

购书咨询：010-64518888　　　　　　售后服务：010-64518899
网　　址：http://www.cip.com.cn
凡购买本书，如有缺损质量问题，本社销售中心负责调换。

定　　价：68.00元　　　　　　　　　　　　版权所有　违者必究

前言
PREFACE

　　本书是"互联网+"数纸融合创新型教材，将基于信息技术的数字化教学资源以嵌入二维码等形式融入纸质教材，丰富和扩展教材内容表现形式，实现线上和线下教学内容的深度融合，学习内容可以实现动静结合，教学环节能够更加生动活泼，进一步调动学生的学习积极性，提高教学质量和效率。

　　本书共10章，并配套约600分钟的微课视频。将AutoCAD中的工具由浅入深地融合到室内设计案例中进行讲解。本书介绍了AutoCAD的基础知识，读者可以了解到AutoCAD的版本演变；室内设计原始平面图的绘制方法，包括墙体、门窗的绘制等；室内其他装饰施工平面图的绘制方法，包括室内地面材料铺装图，以及室内家居平面图和室内顶面布置图等；展示了如何绘制室内客厅立面图、客厅电视背景墙剖面图、大样图和施工节点图；讲解了绘制图框、保存文档与虚拟输出的操作方法。同时，本书附录包括AutoCAD命令与快捷键功能对照表、室内家庭装修设计的基本尺寸和室内公共装修设计的基本尺寸。

　　在本书编写过程中，遵循项目化教学理念，一改传统的只讲命令的学习方法，建立起"真活真做"的"教、学、做"一体化与企业接轨的学习方法，将简单而且常用的"绘图命令"与"修改命令"体现在项目案例中。从而使学生可以按照《房屋建筑制图统一标准》（GB/T 50001—2017）和《房屋建筑室内装饰装修制图标准》（JGJ/T 244—2011）的要求学习制图，同时掌握相关软件命令。

　　本书的编写过程中获得了张赟同志、祁文慧同志、郑昕冉同志、赵恒芳同志的帮助，在此表示衷心的感谢。

　　最后感谢读者选择了本书，希望作者的努力对读者的学习和工作有所帮助。书中难免有疏漏与不足之处，敬请专家和读者批评指正。

编者
2022年2月18日

任务学习单与评价单

（可撕式活页手册）

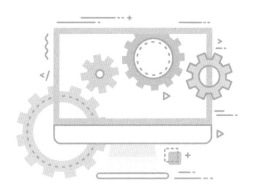

化学工业出版社

·北京·

任务学习单与评价单使用方法说明书

　　根据学生学习的认知特点与学习习惯，以及知识学习过程中"读、听、看、说、做"所取得的知识建构效果，将本课程的授课阶段与比例分成如下几个阶段，以便于教师教学参考。

　　对于第一个阶段，建议教师根据课程标准，采用"直接讲授并实际操作"的教学手段。首先，要求学生利用视频课做好课前的预习，通过学生的自主学习提前了解课程的知识点，便于学生有效地跟进学习内容；其次，在上课时利用任务学习单辅助教师在学生实际操作的过程中，进一步促进"做学结合"。建议该方法在实施的过程中，占不少于总授课内容的30％。

　　对于第二个阶段，建议教师适当采用"行动导向"教学，要求教师对学生和知识的驾驭能力更强，且在教学内容完成授课比例的50％以后进行。教师上课时对学生发放任务学习单，并按照下面的任务顺序参与到每组学生的探究学习过程中。有目的地组织学生在真实或接近真实的工作任务中，参与资讯、计划、决策、实施、检查和评估的职业活动过程，通过发现、分析和解决实际工作中出现的问题，总结和反思学习过程，最终获得相关职业活动所需的知识和能力，最后教师加以评价总结。建议该方法在实施的过程中，占不超过总授课内容的50％。

　　完成一个项目（任务）
　　①资讯：学生独立收集制定和实施项目计划所需要的信息。
　　②计划：学生独立制定项目计划。
　　③决策：学生和教师共同确定计划的可行性。
　　④实施：学生按计划独立进行项目操作。
　　⑤检查：学生独立检验已完成的项目。
　　⑥评估：学生和教师共同对整个操作过程和结果进行评估。

　　对于第三个阶段，建议教师适当采用"反转课堂"教学，以达到增加学生学习新鲜感的教学目的。这要求学生的自主学习能力相对高一些，求知欲望强一些。教师在下课前布置好下节课要完成的任务，学生根据任务学习单自主利用网络先自我解决任务所提出的关键性问题。在下节课的活动过程中，先自我思考，再小组交流，然后针对学到或是理解的知识内容与全班同学进行介绍分享，使学生对知识进行构建，小组成员产生对知识的共同构建，从而达到通过分享表述实现知识内化的目的。建议该方法在实施的过程中，占不超过总授课内容的20%。

思考	交流	介绍分享
较高的主动性 "我必须思考。" "我只有思考了才有和别人交流的内容。"	**较高的团队合作意识** "我只有和其他成员进行积极有效的交流，才能使小组成果最优化。"	**较高的责任感** "我有可能会代表小组进行成果展示与演讲，我必须要积极参与小组讨论。"

构建	共同构建	内化

AutoCAD 室内设计 项目1 任务学习单

项目名称	学号	小组号	组长姓名	学生姓名
AutoCAD 用户界面设置				

<table>
<tr>
<td rowspan="3">学生自主
任务实施</td>
<td>一、AutoCAD 软件都可以应用到哪些专业领域？其主要功能有哪些？AutoCAD 软件和硬件必须达哪些配置要求？AutoCAD 2021 简体中文版的 Ribbon 开机界面与简体中文版经典界面有什么区别？
（提示：采用手机查询法、小组讨论法或资料查询法）

</td>
</tr>
<tr>
<td>二、你知道 AutoCAD 工作界面的功能都可以分为哪些部分吗？功能区选项面板都包括哪些功能按键？命令提示区的作用是什么？
（提示：采用上机实操法、资料查询法、小组讨论法、小组间竞争抢答法）

</td>
</tr>
<tr>
<td>三、AutoCAD 中，我们在开始项目的绘制之前，需要对文字样式做怎样的设置？根据制图标准中尺寸标注的要素，我们在 AutoCAD 软件尺寸样式设置中要对哪几个方面的面板进行设置？
（提示：采用手机查询法、资料查询法、小组讨论法）

</td>
</tr>
</table>

完成任务总结	一、存在其他问题与解决方案 （提示：老师公布个人手机号，采用手机拨号抢答的方法。例如：请先显示手机号码的学生与同学们一起分享自己的问题见解，鼓励加分双倍） 二、收获与体会 三、其他建议

AutoCAD 室内设计 项目 1 任务评价单

班级		学号	姓名	日期	成绩
小组成员 （姓名）					
职业能力评价	分值	自评（10%）	组长评价（20%）	教师综合评价（70%）	
完成任务思路	5				
信息收集情况	5				
团队合作	10				
练习态度	10				
考勤	10				
讲演与答辩	35				
完成任务情况	15				
学习总结情况	10				
合计评分	100				

AutoCAD 室内设计　项目 2　任务学习单

项目名称	学号	小组号	组长姓名	学生姓名
绘制室内设计平面图				

<table>
<tr>
<td rowspan="4">学生自主
任务实施</td>
<td>一、什么是图层？为什么要使用图层？怎样在"图层特性管理器"中新建图层？定位轴线要使用什么样的线型？怎样加载新线形？绘制定位轴线的正确制图顺序是什么？在绘制定位轴线时我们会用到 AutoCAD 软件的哪些命令？
（提示：采用手机查询法、小组讨论法或资料查询法）

</td>
</tr>
<tr>
<td>二、怎样新建墙体图层？绘制墙体有几种方式？怎样使用"多线"命令绘制墙体？在绘制墙体时，定位轴线有什么作用？怎样隐藏定位轴线？
（提示：采用上机实操法、小组讨论法、小组间竞争抢答法）

</td>
</tr>
<tr>
<td>三、绘制门洞、门板、门的轨迹线时会用到 AutoCAD 软件的哪些命令？"对象捕捉""正交"这两个命令什么时候能够用到？绘制平开门与推拉门时有怎样的异同点？怎样绘制平开窗？绘制平开窗时会用到 AutoCAD 软件的哪些命令？
（提示：采用上机实操法、资料查询法、小组讨论法）

</td>
</tr>
<tr>
<td>四、定位轴线编号的方法和原则是什么？在定位轴线编号时为什么要使用属性块命令？怎样使用属性块命令？怎样创建带属性的图块？
（提示：采用上机实操法、资料查询法、演示法）

</td>
</tr>
</table>

学生自主 任务实施	五、怎样新建尺寸标注图层？什么是尺寸标注？尺寸标注包含哪几个要素？"标注样式修改""线性标注""快速标注"等命令有什么异同点？ （提示：采用资料查询法、小组讨论法、小组间竞争抢答法） 六、为什么要标注图名？图名的标注需要用到什么命令？怎样绘制粗实线？ （提示：采用小组讨论法、小组间竞争抢答法）
完成任务 总结	一、存在其他问题与解决方案 （提示：老师准备两副一样数量、花色的扑克牌，采用随机扑克牌法挑选同学。例如：请手中持有红桃6的同学分享自己的独特见解） 二、收获与体会 三、其他建议

AutoCAD 室内设计 项目 2 任务评价单

班级		学号		姓名		日期		成绩	
小组成员 （姓名）									
职业能力评价	分值	自评（10%）		组长评价（20%）		教师综合评价（70%）			
完成任务思路	5								
信息收集情况	5								
团队合作	10								
练习态度	10								
考勤	10								
讲演与答辩	35								
完成任务情况	15								
学习总结情况	10								
合计评分	100								

AutoCAD 室内设计项目 3　任务学习单

项目名称	学号	小组号	组长姓名	学生姓名
绘制室内地面材料铺装图				

学生自主 任务实施	一、在绘制地面强化地板材料时需要用到 AutoCAD 软件中的哪个命令？在"图案填充和渐变色"面板中需要从"填充图案选项板"中选择哪个图样案例？图案填充命令中"添加：拾取点"和"添加：选择对象"有什么不同？ （提示：采用手机查询法、资料查询法、上机实操法、小组讨论法、小组间竞争抢答法）
	二、地砖的尺寸规格有哪几种？怎样新建地面材料铺装图层？绘制客厅地砖的铺装顺序是什么？在绘制客厅地砖铺装图时，整个修剪整理的过程中，会经常用到哪两个操作命令？ （提示：采用上机实操法、联想回忆法、小组讨论法、小组间竞争抢答法）
	三、卫生间地面防滑地砖材料铺装图与客厅地砖材料铺装图的绘制有什么异同？阳台地面防滑地砖的尺寸规格是多少？请计算一下，厨房、卫生间、阳台总共需要多少块整块的防滑地砖？ （提示：采用回忆法、资料查询法、上机实操法、小组讨论法、小组间竞争抢答法）

完成任务 总结	一、存在其他问题与解决方案 [提示：老师掷骰子随机挑选组，选中小组后再随机抽签（例如：制作最胖、最瘦、最高、最矮的纸签）挑选同学，带动学生人人参与，例如请3组个子最高的同学分享思考的问题和见解] 二、收获与体会 三、其他建议

AutoCAD 室内设计　项目 3　任务评价单

班级		学号	姓名	日期	成绩
小组成员 （姓名）					
职业能力评价	分值	自评（10%）	组长评价（20%）	教师综合评价（70%）	
完成任务思路	5				
信息收集情况	5				
团队合作	10				
练习态度	10				
考勤	10				
讲演与答辩	35				
完成任务情况	15				
学习总结情况	10				
合计评分	100				

AutoCAD 室内设计　项目 4　任务学习单

项目名称	学号	小组号	组长姓名	学生姓名
绘制室内家居平面布置图				

学生自主 任务实施	一、在 AutoCAD 软件平台中，"全部重生成"命令的作用是什么？什么是"镜像"命令，有什么作用？怎样利用"镜像"命令制作一个侧沙发？复制图形的快捷方式是什么？怎样对图形进行 90 度旋转？ （提示：采用手机查询法、思维发散法、联想回忆法、上机实操法、小组讨论法、小组间竞争抢答法）
	二、卫生间卫浴的平面布置要遵循什么原则？怎样绘制洗浴物品台？什么是"圆角"命令，有什么作用？"圆角"命令的快捷方式是什么？怎样利用"圆角"命令制作操作台转角部分？ （提示：采用联想法、对比法、上机实操法、小组讨论法、小组间竞争抢答法）

完成任务 总结	一、存在其他问题与解决方案 (提示：老师准备两副一样数量、花色的扑克牌，采用随机扑克牌法挑选同学。例如：请手中持有红桃 6 的同学分享自己的独特见解) 二、收获与体会 三、其他建议

AutoCAD 室内设计　项目 4　任务评价单

班级		学号	姓名	日期	成绩
小组成员 （姓名）					
职业能力评价	分值	自评（10%）	组长评价（20%）	教师综合评价（70%）	
完成任务思路	5				
信息收集情况	5				
团队合作	10				
练习态度	10				
考勤	10				
讲演与答辩	35				
完成任务情况	15				
学习总结情况	10				
合计评分	100				

AutoCAD 室内设计　项目 5　任务学习单

项目名称	学号	小组号	组长姓名	学生姓名
绘制室内顶面布置图				

	一、什么是门洞过梁？绘制门洞过梁需要加载什么线型？线型比例是多少？绘制客厅、卧室吊顶需要用到哪些命令？ （提示：采用手机查询法、小组讨论法或资料查询法）
学生自主 任务实施	二、绘制餐厅吊顶都需要用到哪些操作命令？怎样安放卫生间吊顶中的排气扇？怎样创建图案填充，快捷键是什么？怎样设置图案填充？怎样一键绘制厨房吊顶？都需要用到哪些命令？需要加载哪个图案样例？ （提示：采用上机实操法、资料查询法、小组讨论法）
	三、什么是标高？怎样绘制标高？在绘制室内顶面布置图中我们用到几种标高尺寸？怎样绘制灯具符号？怎样使用矩形阵列？ （提示：采用资料查询法、上机实操对比法、小组讨论法、小组间竞争抢答法）

完成任务总结	一、存在其他问题与解决方案 （提示：老师公布个人手机号，采用手机拨号抢答的方法。例如：请先显示手机号码的学生与同学们一起分享自己的问题见解，鼓励加分双倍） 二、收获与体会 三、其他建议

AutoCAD 室内设计　项目 5　任务评价单

班级		学号		姓名	日期	成绩
小组成员 （姓名）						
职业能力评价	分值	自评（10%）		组长评价（20%）	教师综合评价（70%）	
完成任务思路	5					
信息收集情况	5					
团队合作	10					
练习态度	10					
考勤	10					
讲演与答辩	35					
完成任务情况	15					
学习总结情况	10					
合计评分	100					

AutoCAD 室内设计　项目6　任务学习单

项目名称	学号	小组号	组长姓名	学生姓名
绘制室内客厅B立面图				

学生自主 任务实施	一、什么是立面内视符号？你知道几种立面内视符号的表示形式？立面内视符号内的字母标识表示什么意思？（提示：采用手机查询法、资料查询法、上机实操法、小组讨论法、小组间竞争抢答法）
	二、怎样绘制客厅立面基础图？怎样进行墙体钢筋混凝土的填充？ （提示：采用上机实操法、联想回忆法、小组讨论法、小组间竞争抢答法）
	三、怎样绘制B立面吊顶？都需要用到哪些绘制命令？怎样使用"填充"命令绘制墙纸装饰物？绘制鞋柜的过程中都需要用到哪些绘制命令？（提示：采用回忆法、资料查询法、上机实操法、小组讨论法、小组间竞争抢答法）

完成任务总结	一、存在其他问题与解决方案 [提示：老师掷骰子随机挑选组，选中小组后再随机抽签（例如：制作最胖、最瘦、最高、最矮的纸签）挑选同学，带动学生人人参与，例如请3组个子最高的同学分享思考的问题和见解]
	二、收获与体会
	三、其他建议

AutoCAD 室内设计　项目 6　任务评价单

班级		学号	姓名	日期	成绩
小组成员 （姓名）					
职业能力评价	分值	自评（10%）	组长评价（20%）	教师综合评价（70%）	
完成任务思路	5				
信息收集情况	5				
团队合作	10				
练习态度	10				
考勤	10				
讲演与答辩	35				
完成任务情况	15				
学习总结情况	10				
合计评分	100				

AutoCAD 室内设计　项目 7　任务学习单

项目名称		学号	小组号	组长姓名	学生姓名
绘制客厅电视背景墙剖面图					

<table>
<tr><td rowspan="4">学生自主
任务实施</td><td>一、什么是剖切符号？什么是索引符号？怎样绘制客厅电视背景墙的剖面墙体？
（提示：采用手机查询法、对比法、小组讨论法或资料查询法）

</td></tr>
<tr><td>二、什么是龙骨通长木方？在结构中有什么作用？怎样绘制龙骨通长木方的剖面示意图？
（提示：采用上机实操法、对比法、资料查询法、小组讨论、小组间竞争抢答法）

</td></tr>
<tr><td>三、什么是七厘板？什么是饰面板？它们在结构中有什么作用？怎样绘制七厘板的剖面示意图？
（提示：采用上机实操法、实地调研法、资料查询法、小组讨论法）

</td></tr>
<tr><td>四、什么是踢脚线？其在装饰中有什么作用？怎样绘制踢脚线的剖面示意图？
（提示：采用上机实操法、对比法、资料查询法、小组讨论法、演示法）

</td></tr>
</table>

完成任务 总结	一、存在其他问题与解决方案 （提示：老师公布个人手机号，采用手机拨号抢答的方法。例如：请先显示手机号码的学生与同学们一起分享自己的问题见解，鼓励加分双倍） 二、收获与体会 三、其他建议

AutoCAD 室内设计　项目 7　任务评价单

班级		学号	姓名	日期	成绩
小组成员 （姓名）					
职业能力评价	分值	自评（10%）	组长评价（20%）	教师综合评价（70%）	
完成任务思路	5				
信息收集情况	5				
团队合作	10				
练习态度	10				
考勤	10				
讲演与答辩	35				
完成任务情况	15				
学习总结情况	10				
合计评分	100				

AutoCAD 室内设计　项目 8　任务学习单

项目名称	学号	小组号	组长姓名	学生姓名
绘制客厅吊顶大样图				

学生自主 任务实施	**一、什么是大样图？它能表示什么内容？怎样绘制吊顶的大样详图？** （提示：采用手机查询法、思维发散法、联想回忆法、上机实操法、小组讨论法、小组间竞争抢答法） **二、钢筋混凝土的剖切面怎样绘制？主龙骨、筒灯、钢钉的剖切面怎样表示和绘制？** （提示：资料查询法、联想法、上机实操法、比较法、小组讨论法）

完成任务 总结	一、存在其他问题与解决方案 （提示：老师准备两副一样数量、花色的扑克牌，采用随机扑克牌法挑选同学。例如：请手中持有红桃6的同学分享自己的独特见解） 二、收获与体会 三、其他建议

AutoCAD 室内设计　项目 8　任务评价单

班级		学号		姓名		日期		成绩
小组成员 （姓名）								
职业能力评价	分值	自评（10%）		组长评价（20%）		教师综合评价（70%）		
完成任务思路	5							
信息收集情况	5							
团队合作	10							
练习态度	10							
考勤	10							
讲演与答辩	35							
完成任务情况	15							
学习总结情况	10							
合计评分	100							

AutoCAD 室内设计　项目 9　任务学习单

项目名称	学号	小组号	组长姓名	学生姓名
绘制施工节点图				

学生自主 任务实施	一、怎样绘制施工节点图的索引符号？怎样对墙体、结构层、防水材料层进行表示与绘制？ （提示：采用手机查询法、思维发散法、联想回忆法、上机实操法、小组讨论法、小组间竞争抢答法）
	二、在绘制木方、七厘板、饰面板、木螺丝、钢钉踢脚线时，都需要注意哪些问题？ （提示：资料查询法、联想法、上机实操法、比较法、小组讨论法）

完成任务总结	一、存在其他问题与解决方案 （提示：老师准备两副一样数量、花色的扑克牌，采用随机扑克牌法挑选同学。例如：请手中持有红桃6的同学分享自己的独特见解） 二、收获与体会 三、其他建议

AutoCAD 室内设计　项目 9　任务评价单

班级			学号	姓名	日期	成绩
小组成员 （姓名）						
职业能力评价	分值	自评（10%）		组长评价（20%）		教师综合评价（70%）
完成任务思路	5					
信息收集情况	5					
团队合作	10					
练习态度	10					
考勤	10					
讲演与答辩	35					
完成任务情况	15					
学习总结情况	10					
合计评分	100					

AutoCAD 室内设计　项目 10　任务学习单

项目名称	学号	小组号	组长姓名	学生姓名
文档保存与虚拟输出打印				

学生自主 任务实施	一、AutoCAD 的输出功能可以将图形转换为什么格式类型的图形文件？AutoCAD 的输出文件有几种类型？在完成某个图形绘制后，为了便于观察和实际施工制作，将其打印输出到图纸上时首先要设置哪些打印参数？若要修改当前打印机配置，可单击名称后的什么按钮来打开"绘图仪配置编辑器"对话框？"打印区域"栏可设定图形输出时的打印区域，该栏中的窗口、范围、图形界限、显示各选项含义分别表示什么意思？ （提示：采用手机查询法、思维发散法、联想回忆法、上机实操法、小组讨论法、小组间竞争抢答法）
	二、在 AutoCAD 图纸的交互过程中，有时候需要将 DWG 图纸转换为 PDF 文件格式，此时打印 PDF 文件的方法是什么？AutoCAD 还支持打印成若干种光栅文件格式，包括 BMP、JPEG、PNG、TIFF 等，如果要将图形打印为光栅文件格式需要怎么操作？AutoCAD 的绘图空间中，模型空间和布局空间有什么区别？为什么说从布局空间打印可以更直观地看到最后的打印状态？怎样从样板中创建布局？在构造布局图时，可以将什么视口视为图纸空间的图形对象，并对其进行移动和调整？ （提示：资料查询法、联想法、上机实操法、比较法、小组讨论法）

完成任务 总结	一、存在其他问题与解决方案 （提示：老师准备两副一样数量、花色的扑克牌，采用随机扑克牌法挑选同学。例如：请手中持有红桃 6 的同学分享自己的独特见解） 二、收获与体会 三、其他建议

AutoCAD 室内设计　项目 10　任务评价单

班级		学号	姓名	日期	成绩
小组成员 （姓名）					
职业能力评价	分值	自评（10%）	组长评价（20%）	教师综合评价（70%）	
完成任务思路	5				
信息收集情况	5				
团队合作	10				
练习态度	10				
考勤	10				
讲演与答辩	35				
完成任务情况	15				
学习总结情况	10				
合计评分	100				

目录
CONTENTS

AutoCAD
用户界面设置

第一章

● **任务目标**

通过对本项目的学习，掌握以下技能与方法：

☐ 学会设置经典界面的 2 种方法；

☐ 能够在操作界面中完成建筑单位与原点的设置；

☐ 学会操作窗口颜色的设置与切换；

☐ 能够完成对 AutoCAD 的界面进行设置。

● **任务内容**

正确安装 AutoCAD 试用版软件，并对 AutoCAD 的界面进行设置，调整为经典界面，调整效果如图 1-0-1 所示。

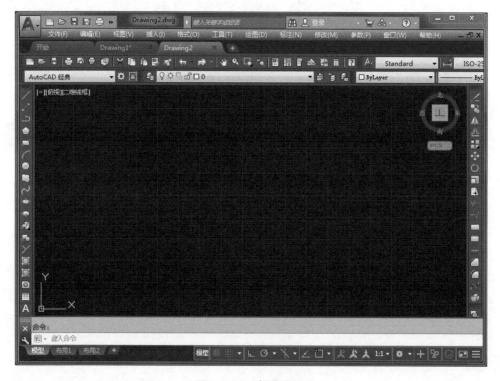

图 1-0-1 经典界面

● **实施条件**

1. 台式计算机或笔记本电脑。

2. AutoCAD 正版软件。

一、设置 AutoCAD 经典界面

通过使用 AutoCAD2010 至 AutoCAD2023 的系列版本可以发现，每年升级推出的更新版本都稍微有一些变化，增添了一些功能，整体界面更加美观（图 1-1-1）。

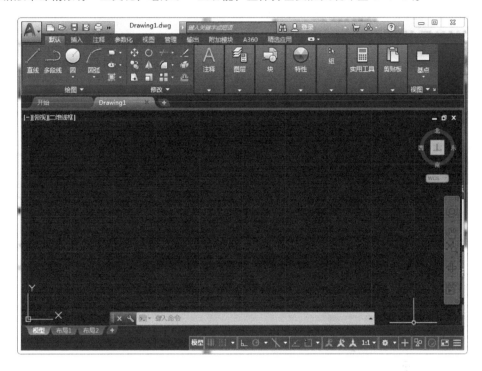

图 1-1-1　AutoCAD 草图与注释界面

打开后，为了与以前的版本看起来一样，使用更熟悉，可以在图中位置栏处做一些修改，有以下两种方式。

方式一：在此位置栏中单击选择"AutoCAD 经典"，进入经常看到的界面（图 1-1-2）。

图 1-1-2　AutoCAD 经典开启模式（一）

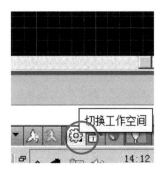

图 1-1-3　AutoCAD 经典开启模式（二）

方式二：在页面下方单击"切换工作空间"按钮，选择"AutoCAD 经典"，进入经常看到的界面（图 1-1-3）。

通过以上两种方式，将可以看到 2004 版到 2022 版的常用界面（图 1-1-4）。

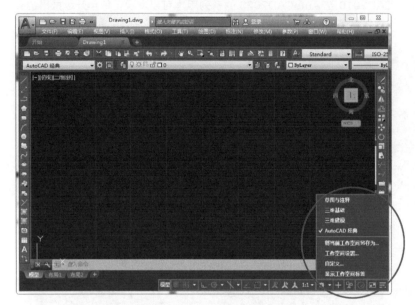

扫码观看
AutoCAD 经典
界面设置视频

图 1-1-4　AutoCAD 经典界面

二、设置绘图环境

1 调整修改栏

一般将"绘图工具栏"放置在界面的左边，"修改工具栏"放置在界面的右侧。

2 调整背景界面

① 为了使视图更清晰，可以改变界面底色。单击菜单栏中的"工具"按钮，也可以选择输入快捷命令"OP"进行操作。选择下滑栏的最后一项"选项"进入选项的命令面板框，在命令面板框中，选择"显示"一栏，单击"颜色"按钮，进入"图形窗口颜色"（图 1-2-1）。

扫码观看
修改栏位置调整
视频

② 在这里可以改变界面背景颜色，将颜色设置为"白色"，在预览中可以看到背景变为白色。同时，在预览中还可以看到作为辅助的经纬网格，如果觉得经纬网格线在图中混淆作图，那么可以在显示中将界面元素中的"栅格主线"颜色设置为"白色"，同时将"栅格辅线"设置为"白色"，此时，经纬网格消失。单击"应用并关闭"按钮，关闭"图形窗口颜色"命令框，单击"确定"按钮返回界面，这时将看到一个白色的背景栏（图 1-2-2）。

图 1-2-1　界面底色修改

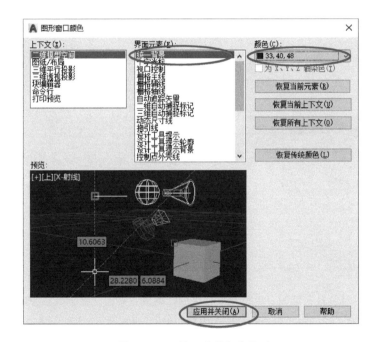

扫码观看
调整背景界面
视频

图 1-2-2　统一背景颜色修改

✎ 说明

　　为了保护眼睛，长时间作图时通常将背景界面的底色改为"黑色（33，40，48）"。重复上述步骤将其颜色都设置为黑色，整个绘图区域就变成了黑色。

3 调整坐标原点

当鼠标滚轮滑动的时候，可以看到图中的坐标在上下滑动，现在对它进行设置。方法一：单击菜单栏中的"视图"按钮，在下滑栏中单击"显示"，选择"UCS 图标"，单击"原点"，将其前面的"对号"关闭（图1-2-3）。此时，将看到背景栏中的坐标一直位于界面左下角。方法二：输入快捷命令"MO"，会出现"特性"对话框，选择"在原点显示UCS 图标"，在下滑栏中单击"否"，也可以看到"背景栏"中的"坐标"将一直位于界面左下角。

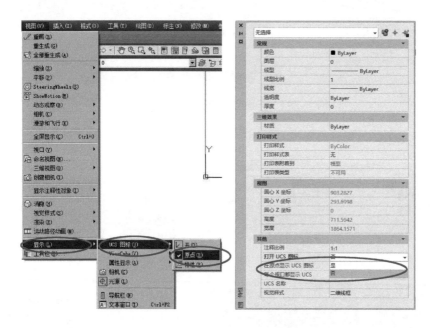

扫码观看
调整坐标原点
视频

图1-2-3　坐标原点设置

4 单位设置

下面需要对单位进行修改，单击菜单栏中的"格式"按钮，在下滑栏中选择"单位"，将"精度"设置为"0"，将"用于缩放插入内容的单位"设置为平时用的"毫米"，单击"确定"按钮（图1-2-4）。

 说明

> CAD 中单位以毫米计，总平面图和标高除外，其单位计为米。

设置完后，在制图中输入的数值将以"毫米"计。

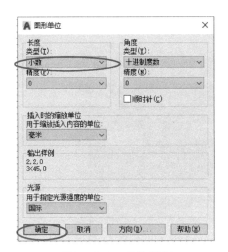

扫码观看
单位设置视频

图 1-2-4　单位设置

5 常用命令、界面简介

相关内容如图 1-2-5 ～图 1-2-7 所示。

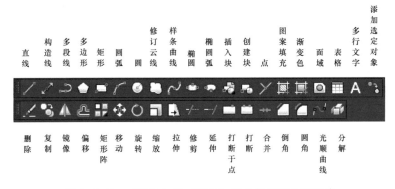

图 1-2-5　"绘图"与"修改"工具栏按钮功能简介

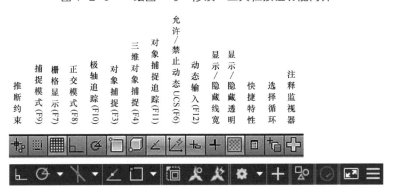

图 1-2-6　"快捷栏"按钮功能简介

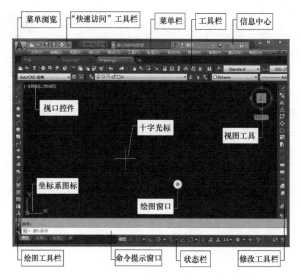

图 1-2-7 AutoCAD 经典工作界面板块介绍

扫码观看
常用命令、界
面板块视频

三、设置文字样式与尺寸标注样式

1 设置文字样式

提示

AutoCAD 默认的文字样式并不符合建筑图纸的国家标准规定，故而需要设置符合标准的文字样式。

① 在菜单栏中找到"格式"按钮，在下滑栏中找到"文字样式"按钮并单击；也可以输入快捷命令"ST"（图 1-3-1）。

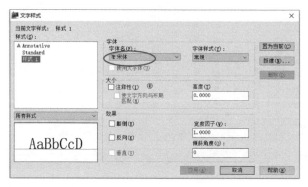

图 1-3-1 打开文字样式

② 选中标准样式"Standard"，单击"新建"，样式名为"hz"，创建一个新的文字样式（图1-3-2）。

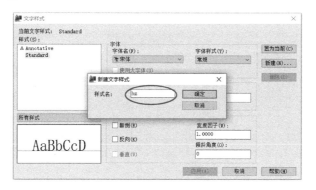

图1-3-2　新建文字样式

③ 单击字体名下方字体选择"仿宋"，设置宽度因子为"0.7"（图1-3-3）。

注意

> 根据制图规范要求汉字字体为"长仿宋"，但在AutoCAD中没有这个字体，可以通过修改字体的高宽比——宽度因子，使字体与"长仿宋"的样式相近。

图1-3-3　设置文字样式

提示

④ 单击"应用"和"置为当前"，完成设置。

2 设置尺寸标注样式

> 通过设置尺寸标注来显示工程实体实际的大小，需符合国家制图标准。

① 在菜单栏中找到"格式"按钮，在下滑栏中找到"标注样式"按钮并单击；也可以输入快捷命令"D"（图1-3-4）。

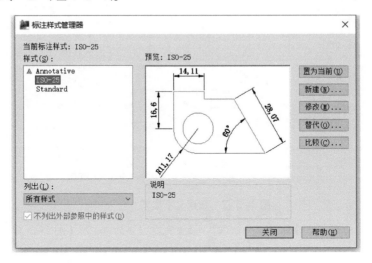

图1-3-4　打开标注样式

② 选中基础样式"ISO-25"，单击"新建"，输入新样式名为"标注样式"，来创建一个新的标注样式（图1-3-5）。

图1-3-5　新建标注样式

③ 设置线的样式（图1-3-6）。

"基线间距"微调框：用来控制使用"基线标注"时，尺寸线之间的间距（图1-3-7）。《房屋建筑制图统一标准》中规定该值为7～10mm。

"超出尺寸线"微调框：用于指定尺寸界限超出尺寸线长度（图1-3-8）。制图标准中规定该值为2～3mm。

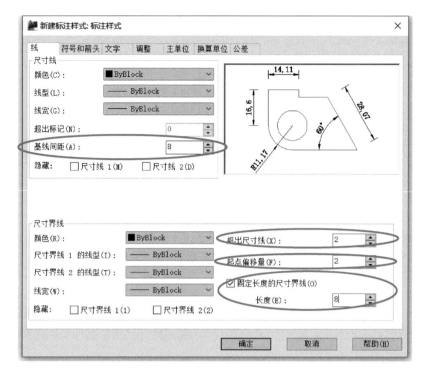

图 1-3-6　设置线的样式

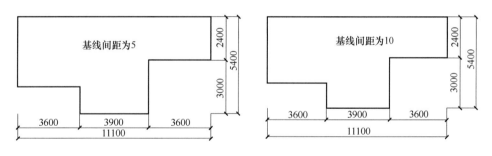

图 1-3-7　基线间距

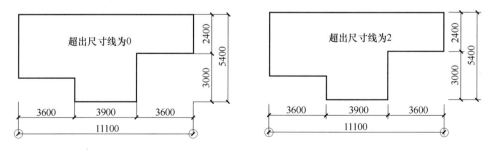

图 1-3-8　超出尺寸线

"起点偏移量"微调框：用于控制尺寸界限原点的偏移长度，即尺寸界限原点和尺寸界限起点之间的距离（图1–3–9）。制图标准中规定其不小于2mm即可。

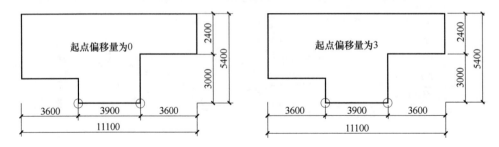

图1–3–9　起点偏移量

"固定长度的尺寸界线"微调框：图样轮廓线以外的尺寸界限，距图样最外轮廓线之间的距离不宜小于10mm，平行排列的尺寸线间距宜为7～10mm，并保持一致。

④ 设置符号和箭头（图1–3–10）。

"起止箭头"是标注尺寸起止位置的符号。制图标准中规定尺寸起止符号的长度应为2～3mm，AutoCAD默认的是2.5mm。有的读者可能要问，默认的已经符合规范，为什么还要修改呢？其实这里的2.5mm是高度，而不是长度。2.5mm高的起止符号的实际长度是 $2.5 \times \sqrt{2}$ mm，其已大于3mm。

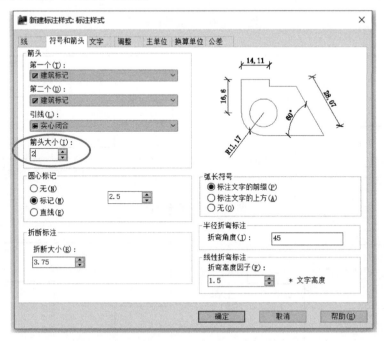

图1–3–10　设置符号和箭头

⑤ 设置文字（图1–3–11）。

"文字高度"微调框：调整文字高度为3mm，制图标准规范字高尺寸见表1–3–1。

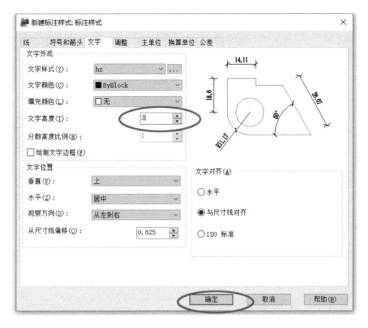

图 1-3-11 设置文字

表 1-3-1 制图标准规范字高尺寸

字体种类	汉字矢量字体	True type 字体及非汉字矢量字体
字高 /mm	3.5、5、7、10、14、20	3、4、6、8、10、14、20

⑥ 设置调整（图 1-3-12）。

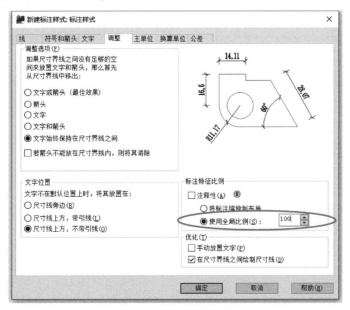

图 1-3-12 设置调整

"全局比例"微调框：用于设置全局标注比值或图纸空间比例，若在布局空间标注尺寸，保持默认即可。如果在模型空间标注尺寸，那么需要根据出图比例确定（图1-3-13）。

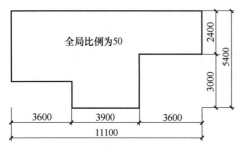
(a) 全局比例为50的效果(尺寸数字小，显示不清晰)

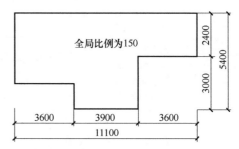
(b) 全局比例为150的效果(尺寸数字清晰合适)

图1-3-13　全局比例设置效果对比

⑦ 设置主单位（图1-3-14）。

"主单位"选项卡，将精度调整为"0"。

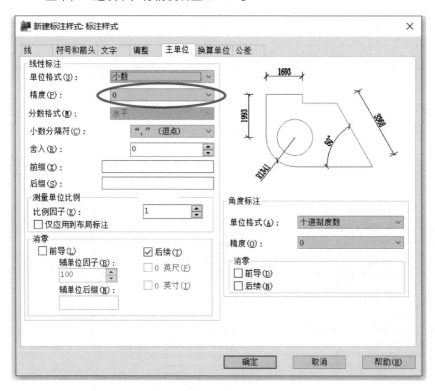

扫码观看
设置尺寸标注样式
视频

图1-3-14　设置主单位

⑧ 后面的"换算单位"和"公差"一般情况下用不到，所以不再做详细的介绍，点击"确定"，完成标注样式的建立，并"置为当前"完成设置。

1. 选择题

（1）绘制图形时，打开正交模式的快捷键是（　　　）。

A. F4　　　　　　　B. F6　　　　　　C. F8　　　　　　D. F10

（2）原文件格式是（　　　）。

A. *.dwg　　　　　B. *.dxf　　　　　C. *.dwt　　　　　　D. *.dws

（3）关于 Zoom（缩放）和 Pan（平移）的几种说法，哪一个正确（　　　）？

A. Zoom 改变实体在屏幕上的显示大小，也改变实体的实际尺寸

B. Zoom 改变实体在屏幕上的显示大小，但不改变实体的实际尺寸

C. Pan 改变实体在屏幕上的显示位置，也改变实体的实际位置

D. Pan 改变实体在屏幕上的显示位置，其坐标值随之改变

（4）在 CAD 中，用鼠标选择删除目标和用工具条中的删除命令删除目标时，对先选目标和后选目标而言，操作鼠标按钮的次数（　　　）。

A. 先选目标时多操作一次　　　　B. 后选目标时少操作一次

C. 后选目标时多操作一次　　　　D. 都一样

（5）关于 CAD 的 Move 命令的移动基点，描述正确的是（　　　）。

A. 须选择坐标原点　　　　　　　B. 须选择图形上的特殊点

C. 可是绘图区域上的任意点　　　D. 可以直接按回车键作答

（6）在 AutoCAD 的键盘功能键定义中，"栅格显示"的开关是（　　　）键。

A. F1　　　　　　　B. F3　　　　　　C. F5　　　　　　D. F7

2. 将一个 DWG 格式文件打开并进行基础环境设置，再将操作界面调整为 AutoCAD 经典模式。

绘制室内设计平面图

第二章

● 任务目标

通过对本项目的学习，掌握以下技能与方法：

☐ 能够正确描述室内原始家装图定位轴线绘制的正确制图顺序；

☐ 通过学习线、复制、偏移等命令，能够完成轴网的绘制；

☐ 能够在图层特性管理器中正确加载线型；

☐ 能够按照正确制图顺序，完成室内原始家装图墙体的绘制；

☐ 通过学习偏移、修剪、删除、移动、倒角等命令，能够完成墙体的绘制；

☐ 能够使用图层命令完成墙体图层的新建和定位轴线的隐藏；

☐ 能够正确地按照制图顺序及定位轴线编号的方法和原则，完成室内原始家装图定位轴线编号的绘制；

☐ 通过学习圆、对象捕捉、正交、多行文字等命令，能够完成定位轴线编号的绘制；

☐ 能够使用标注样式修改、线性标注、快速标注等命令，完成室内原始家装图尺寸标注；

☐ 能够按照正确制图顺序，完成室内原始家装图图名与比例的绘制。

● 任务内容

在正确掌握室内设计制图标准的基础上，使用 AutoCAD 软件，通过学习绘制轴网、墙体、门窗的方法，掌握复制、修剪、延伸、矩形、圆弧、旋转、镜像、打断于点、块、对象捕捉等命令的应用。绘制效果如图 2-0-1 所示。

● 实施条件

1. 台式计算机或笔记本电脑。

2. AutoCAD 正版软件。

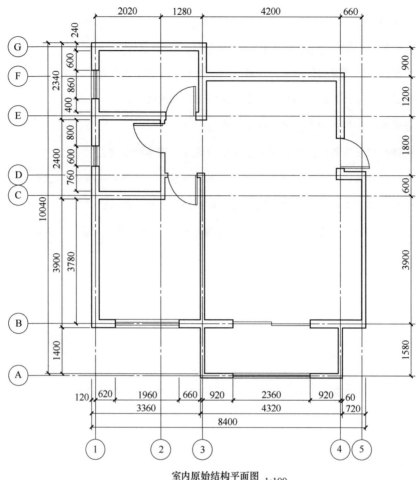

室内原始结构平面图 1:100

图 2-0-1　家装原始结构图

一、绘制定位轴线

 说明

　　运用 AutoCAD 绘制"家装原始结构图"（图 2-0-1），以它作为学习任务载体。通过实际项目的绘制，从中学习一些常用的操作命令（包括绘制命令和修改命令）。图 2-0-1 中①～⑤和Ⓐ～Ⓖ的部分是建筑构造与识图中所学的点划线，也叫作定位轴线。图 2-0-1 中的圆圈是定位轴线编号，上面是尺寸标注，图中还有表示墙体、门窗等的部位。

1 设置图层特性管理器

依照图 2-0-1 中相应的间距尺寸,绘制五条横向的轴线①~⑤。

① 在菜单栏中找到"格式"按钮,在下滑栏中找到"图层"按钮并单击;也可以输入快捷命令"LA",进入"图层特性管理器",单击"新建图层"按钮(快捷键:Alt+N)(图 2-1-1)。

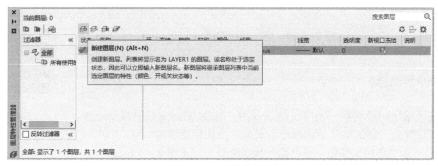

图 2-1-1　新建图层

② 将默认名称"图层 1"改为"定位轴线",颜色设置为"红色",线型设置为"点划线"。在设置中看到"选择线型"中只有"直线(Continuous)",单击栏目框下方的"加载"按钮(图 2-1-2)。

③ 打开"加载或重载线型"命令框,选择"点划线(ACAD-ISO04W100)",单击"确定"按钮(图 2-1-3)。

图 2-1-2　选择线型

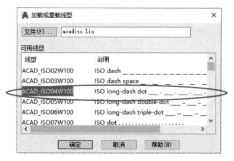

图 2-1-3　点划线

④ 在"选择线型"命令框中,选择刚刚加载的"点划线",单击"确定"按钮,退出命令框。

⑤ 此时在"图层面板"中可以看到新建的"定位轴线"图层已经设置完成,单击命令框上面的绿色对勾(注意:绿色对勾表示置为当前图层),将其置为当前(图 2-1-4)。

说明

　　关闭"定位轴线"图层的可见"开""关"命令,在绘图界面中将无法看到"定位轴线"整个图层的图形、线型。

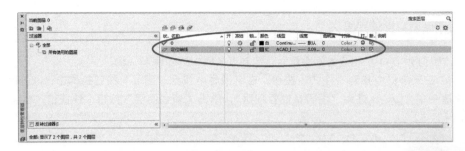

图 2-1-4　定位轴线图层

2 绘制横向轴网

扫码观看
设置图层特性
管理器视频

在手绘稿中看到第一根定位轴线长为"10040"，应绘制得长一些，将线长设置为"13000"，超出屋子的长度，方便后面图的绘制。

① 单击"直线"按钮，或者输入快捷命令"L"（图 2-1-5）。

② 在界面中会有提示，根据提示，单击鼠标左键，指定第一个点，按快捷键"F8"（注意：F8 表示＜正交：开 / 关＞），在命令栏中会看到"＜正交：开＞"，从而使直线直来直去。也可以单击状态栏中的"正交"，开启正交模式。输入数值"13000"。

③ 按"空格"键确认。会看到图中有一条 13000mm 长的红色点划线，按键盘左上角的"Esc"键，退出所有命令（图 2-1-6）。

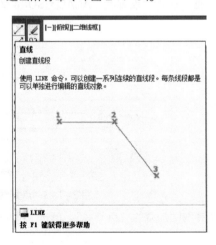

图 2-1-5　"直线"按钮　　　　　图 2-1-6　绘制定位轴线

知识延伸：让直线在界面中全部出现在视野里有两种方法。

方法一：在命令中直接输入"ZOOM"，按"空格"键确认。继续输入"A"，按"空格"键确认（注意：在这里"A"是全部的意思）。这样，直线就全部出现在界面上。

方法二：双击鼠标滚轮。

扫码观看
绘制定位轴线视频

3 改变轴线特性

① 选中"定位轴线",单击鼠标右键,选中"快捷特性"(图2-1-7)。

直线	
颜色	■ ByLayer
图层	定位轴线
线型	——·——·—— ByLayer
长度	13000

图 2-1-7　快捷特性

问题:细心的读者会发现放大时定位轴线是点划线,而缩小时却是一条直线。要怎样使在全视图中看到的也是点划线呢?

② 方法一:选定定位轴线,单击鼠标右键,选择"特性",打开"特性面板",将"线型比例"设置为"30",按"回车"键确认。方法二:选定定位轴线,输入快捷命令"LTS",将"线型比例"设置为"30",按"回车"键确认。方法三:选定定位轴线,输入快捷命令"MO"或者按住"Ctrl+1",进入特性管理器,找到"线型比例",设置为"30",单击空白处进行确认。关闭面板框,会发现定位轴线在全视图中是点划线(图2-1-8和图2-1-9)。

扫码观看
线型比例调整
视频

图 2-1-8　选择"特性"　　　　图 2-1-9　线型比例

4 复制轴线

① 选定绘制的第一条定位轴线,在修改命令栏中单击"复制"按钮,进行复制,也可以输入快捷命令"CO"进行复制(图2-1-10)。

② 根据提示指定基点,单击鼠标左键,可以在任意位置指定一点作为基点。向右进行偏移,输入偏移的数值,按"空格"键确认。例如"家装原始结构图"中,需要将第一条定位轴线向右偏移"2020"得到第二条定位轴线,按"Esc"键退出(图2-1-11)。

扫码观看
复制轴线
视频

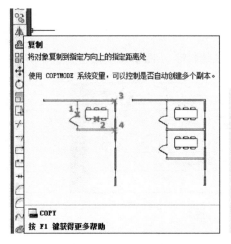

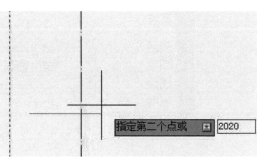

图 2-1-10　"复制"按钮　　　　　　图 2-1-11　输入复制数值

5 查询轴网间距

问题：有些读者可能会提出这么一个问题，两条定位轴线间的距离真的是"2020"吗？

① 单击菜单栏中的"工具"按钮，在下滑栏的"查询"中选择"距离"（图 2-1-12）。

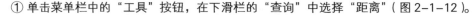

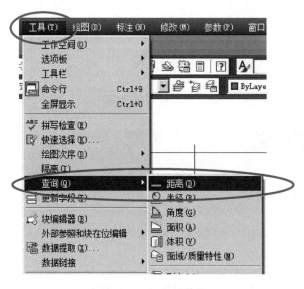

图 2-1-12　工具查询

② 按快捷键"F3"（说明：按快捷键"F3"可以"打开/关闭对象捕捉"），打开"对象捕捉"，捕捉两条定位轴线的端点，点击鼠标左键，命令中会出现两条定位轴线间的距离（图 2-1-13）。

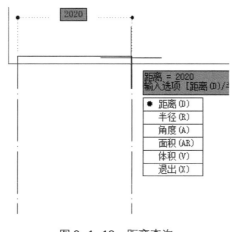

扫码观看
距离查询
视频

图 2-1-13　距离查询

③ 输入快捷命令"DI"，按"空格"键或"回车"键确认，也可以进行距离的查询。

6 轴线连续复制

① 选定第二条定位轴线，通过"复制"命令，输入数值，得到第三条定位轴线，按此方法，得到其他定位轴线。

问题：可不可以连续复制呢？

② 可以，输入复制线与所得线之间距离的总和。例如，在"家装原始结构图"中，第二条定位轴线和第三条定位轴线之间的距离是"1280"，第三条定位轴线和第四条定位轴线之间的距离是"4200"，选定第二条定位轴线将其复制，输入数据"1280"即可得到第三条定位轴线，再输入"5480"即可得到第四条定位轴线。

扫码观看
连续复制操作
视频

7 绘制纵向轴网

说明：按照从左到右的顺序依次绘制完横向定位轴线后，再按照从下往上的顺序依次绘制纵向定位轴线Ⓐ～Ⓖ。绘制第一条纵向定位轴线，要求长度横跨整个房间，方便后面的构图。例如图 2-0-1 中，第一条纵向定位轴线 A，图中长度为"8400"，而在绘制时可以设置长度为"12000"。不同情况下有不同的长度设置，需要随机应变。

① 与横向定位轴线的绘制一样，单击"直线"按钮，或者输入快捷命令"L"，选择合适的点，按快捷键"F8"打开正交，输入数值"12000"，按"空格"键确认，完成第一条纵向定位轴线的绘制（图 2-1-14）。

② 复制轴线。

方法一：选定纵向定位轴线，单击"复制"按钮，任选一点，输入数值，进行复制。以此类推，完成横纵定位轴线的绘制（图 2-1-15）。

方法二：在界面右侧修改工具栏中，单击"偏移"按钮，或者输入快捷命令"O"，在命令栏中输入偏移距离的数值，按住"空格"键，松开后，框选所要偏移的直线，向所需方向进行点击，完成偏移（进行多次连续偏移的方法：在完成上一次偏移后，连续两次敲击"空格"键，可再次进行偏移命令并更改偏移距离，输入数值后按"回车"键进行确认，点击所要偏移的直线，向所需方向进行点击，完成偏移）。

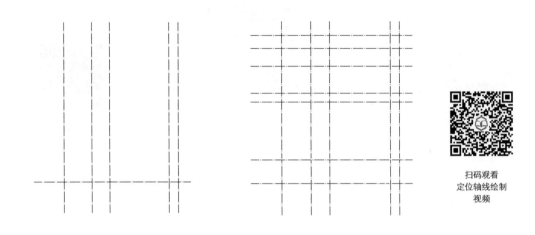

扫码观看
定位轴线绘制
视频

图 2-1-14　纵向定位轴线　　　　图 2-1-15　横纵定位轴线

二、绘制墙体

1 墙体图层设置

单击"图层面板"，或者输入快捷命令"LA"，打开"图层特性管理器"新建一个图层，命名为"墙体"，颜色设置为"7号（白色）"，线型设置为"直线"，线宽为"0.5毫米"，并将"墙体"图层置为当前，关闭"图层面板"（图 2-2-1）。

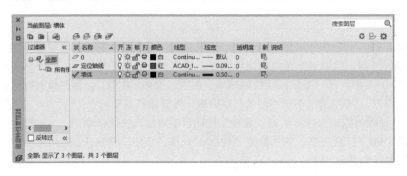

扫码观看
墙体图层
视频

图 2-2-1　墙体图层

在建筑构造与识图中，粗墙体作为承重墙，一般默认为 240（单位为 mm，下同）厚度的墙体，而细墙体作为非承重墙，一般默认为 120 厚度的墙体。

当定位轴线在一个墙体的中轴线上时，如果在承重墙的中间，则需分别向两边偏移120的距离，如果在边上，则需偏移240的距离；如果在非承重墙的中间，则需分别向两边偏移60的距离，如果在边上，则需偏移120的距离（因定位轴线并不一定在墙体的中心）。

2 多线样式设置

① 输入快捷命令"MLSTYLE"，按"回车"键弹出"多线样式"对话框（图2-2-2）。

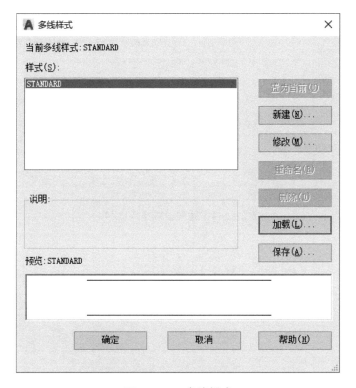

图2-2-2　多线样式

② 在基础样式（STANDARD）上单击"新建"按钮，弹出"创建新的多线样式"对话框，在"新样式名"中输入多线样式名"240"（图2-2-3）。点击"继续"按钮，弹出"新建多线样式：240"的对话框（图2-2-4）。

③ 在"图元"文本框中分别输入偏移距离"120"和"-120"，单击"确认"按钮返回"多线样式"对话框，完成"240"墙体的设置（图2-2-5）。

④ 单击"保存"按钮，弹出"保存多线样式"对话框，将文件名输入为：240墙，文件类型选择为"*.mln"（图2-2-6）。当前保存的多线样式可通过"加载"按钮进行加载，其他文件也可以使用。

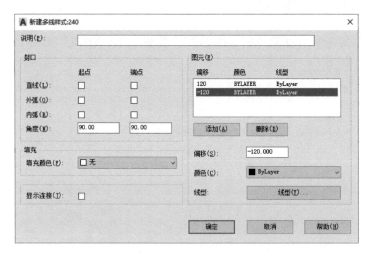

图 2-2-3　创建新的多线样式

图 2-2-4　新建多线样式：240

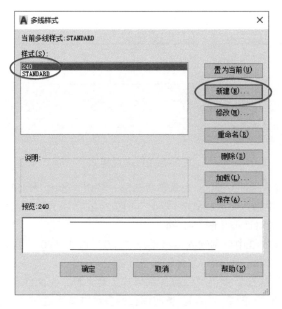

图 2-2-5　多线样式

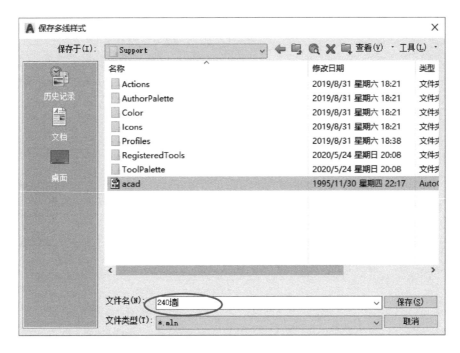

图 2-2-6　保存多线样式

　　⑤ 运用同样的方法，可以设置名称为"120"的墙体样式，在"新建多线样式：120"对话框的"图元"文本框中分别输入偏移距离"60"和"-60"（图 2-2-7）。当前保存的"120 墙"墙多线样式可通过"加载"按钮进行加载，其他文件也可以使用（图 2-2-8）。

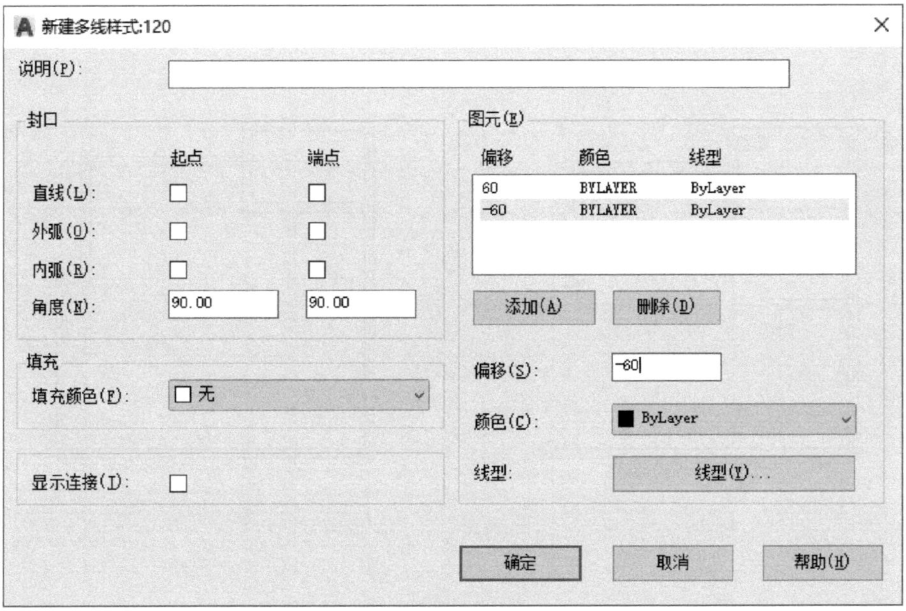

图 2-2-7　新建多线样式：120

扫码观看
多线样式设置
视频

图 2-2-8　保存多线样式

3 多线命令绘制墙体

① 输入快捷命令"ML",利用"多线"命令进行墙体绘制,在命令栏中输入"ST",进行多线样式设置,用之前设置的多线样式名"240",输入 240,按"回车"键确认,输入"J"进行对正,因为所要绘制的墙体左右两根线以轴线对称,所以对正选择"无",进行"240"墙体的绘制(图 2-2-9)。

② 重复以上步骤,将多线样式名改为"120",进行"120"墙体的绘制(图 2-2-10)。

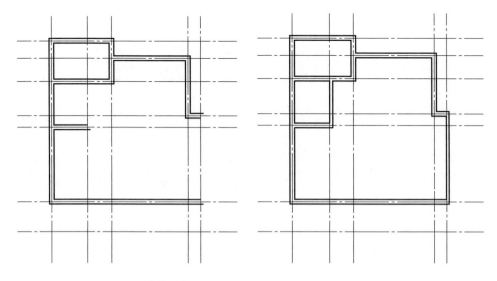

图 2-2-9　"240"墙体的绘制　　　　　图 2-2-10　"120"墙体的绘制

③ 墙体修剪：输入快捷命令"TR"，连续按"空格"键两次，对所需墙体进行修剪，也可以输入快捷命令"MLEDIT"，或者双击两次所需修剪的多线，进入"多线编辑工具"对话框（图2-2-11），选择所需的修剪方式，完成墙体的绘制（图2-2-12）。

图2-2-11　多线编辑工具

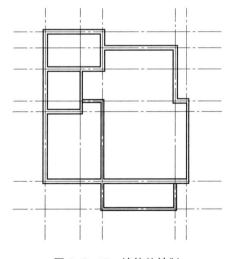

图2-2-12　墙体的绘制

扫码观看
多线命令绘制墙体
视频

4 隐藏定位轴线

为了方便修剪，将图层下滑栏中的"定位轴线"图层隐藏起来。

① 输入快捷命令"LA"，进入"图层特性管理器"，在图层下滑栏中可以看到有"0""定位轴线""墙体"图层，图层的前面都有一个亮着的"小灯泡"（图 2-2-13）。

② 将"定位轴线"的图层隐藏，就需要将其前面的小灯泡关闭，用鼠标左键点击"小灯泡"即可关闭，关闭后只能看到墙体（图 2-2-14）。若想要显示"定位轴线"，只需再次点击"小灯泡"，"定位轴线"便可显示出来。隐藏其他图层的方式和上述步骤相同，点击所需隐藏图层前的小灯泡即可。

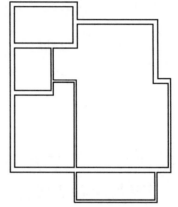

扫码观看
隐藏定位轴线
视频

图 2-2-13 关闭的小灯泡 　　图 2-2-14 隐藏定位轴线后的墙体

5 承重墙或剪力墙的绘制

① 输入快捷命令"LA"，打开"图层特性管理器"，新建一个图层，图层名称设置为"所有填充"，颜色设置为"251"，线型为"Continuous"，线宽为"0.09 毫米"（图 2-2-15）。

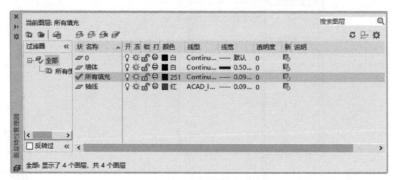

图 2-2-15 图层设置

② 隐藏轴线，以方便填充。输入快捷命令"L"，当前图层设置为"墙体"，在之前画的墙体图中绘制出承重墙或剪力墙的位置。

③ 将"所有填充"图层置为当前，输入快捷命令"H"，或者点击左侧工具栏中的"图案填充"，进入"图案填充和渐变色"的选项卡（图 2-2-16）。在"类型"中选择"预定义"，在"图案"一栏单击后面的"省略号"，进入"填充图案选项板"界面（图 2-2-17），选择"SOLID"实体填充，单击"边界"一栏中的"添加：拾取点"，选择绘制的墙体中所需填充的部分（可同时选中所有相同的需要填充的部分）进行填充。完成最终承重墙或剪力墙的绘制（图 2-2-18）。

图 2-2-16 图案填充和渐变色

扫码观看
承重墙或剪力墙的
填充视频

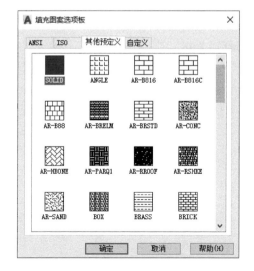

图 2-2-17 填充图案选项板

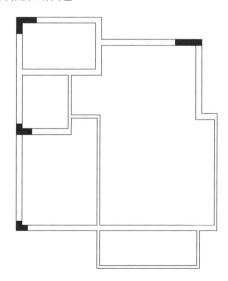

图 2-2-18 剪力墙或承重墙的绘制

三、绘制门窗

说明

绘制门窗时，从入户门开始绘制，入户门的门洞宽度一般设置为 900，卧室门的门洞宽度一般设置为 850，卫生间的门洞宽度一般设置为 650。依然以"家装原始结构图"为例进行绘制。在图中看到门洞的宽度都差不多，所以不拘泥于规格限制，将门洞宽度都设置为 900。

1 移动复制绘制门洞

提示

根据实际情况可知，门不是紧靠在墙上的，而是有一个门垛，门垛的厚度一般设置为 100。

① 输入快捷命令"LA"，打开"图层特性管理器"，新建一个图层，图层名称设置为"门窗"，颜色设置为"黄"，线型为"Continuous"，线宽为"0.15 毫米"（图 2-3-1）。

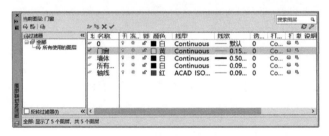

图 2-3-1　新建门窗图层

② 绘制辅助线（图 2-3-2）。单击"复制"按钮，向上复制，输入数值为"100"，按"空格"键确认，绘制出门垛或者输入快捷命令"CO"，选中直线，按"空格"键，选择基准点，向上位移 100，绘制门垛（图 2-3-3），并将原来的辅助线删除。

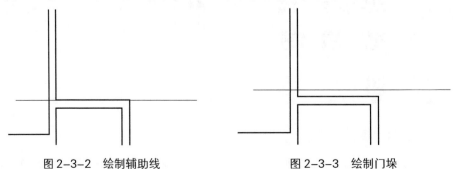

图 2-3-2　绘制辅助线　　　　　　　　图 2-3-3　绘制门垛

③ 选中门垛线，会出现三个蓝色的点，当鼠标触到点时，点会变成橙色，单击点会变成红色，将其进行拉伸。再次单击"复制"命令，将门垛线向上复制，输入数值为"900"，绘制出门洞宽度；或者输入快捷命令"CO"，重复之前的操作，向上位移900，绘制出门洞宽度（图2-3-4）。

④ 单击"修剪"按钮，修剪掉多余的线条，或者输入快捷命令"TR"，连续按两次"空格"键进行修剪（图2-3-5）。

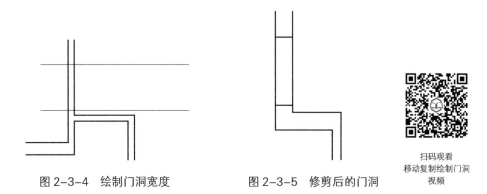

图 2-3-4 绘制门洞宽度　　图 2-3-5 修剪后的门洞

扫码观看
移动复制绘制门洞
视频

⑤ 重复以上步骤完成其他门洞的绘制。

2 移动延伸绘制门洞

① 在绘制厨房的门洞时，先绘制一条辅助线，重复以上操作复制辅助线（图2-3-6）。复制完成后，选定需要延伸的直线，单击"延伸"按钮（图2-3-7）。也可以输入快捷命令"EX"，连续按"空格"键两次，单击绘制好的直线进行延伸（图2-3-8）。

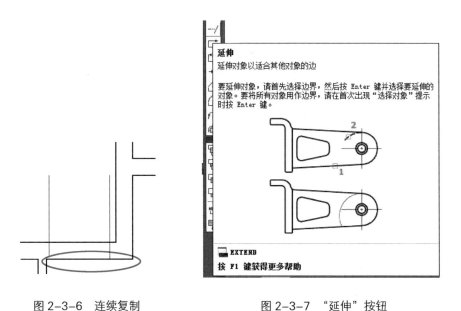

图 2-3-6 连续复制　　　　　　图 2-3-7 "延伸"按钮

注：连续复制时第一次输入长度为"100"，第二次还是以墙体为基准线，故而输入长度为"1000"，两线间距为"900"。

② 根据提示单击需要延伸的直线，延伸完按"Esc"键退出，或者输入快捷命令"TR"进行裁剪，完成厨房门洞的绘制（图 2-3-9）。

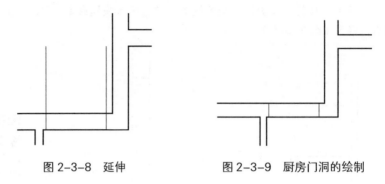

图 2-3-8　延伸　　　　　　　　图 2-3-9　厨房门洞的绘制

③ 运用上述方法完成门洞绘制（图 2-3-10）。

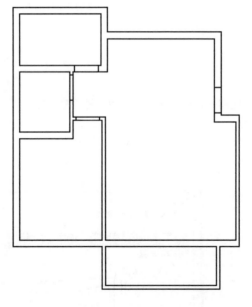

图 2-3-10　门洞绘制完成

扫码观看
移动延伸绘制门洞
视频

3 矩形命令绘制门板

① 执行"矩形"命令，矩形工具是由两个点组成的，单击"矩形"按钮（图 2-3-11），或者输入快捷命令"REC"进行矩形的绘制。

② 在绘图区单击"任意位置"确定第一个角点，输入快捷命令"D"，再输入长度"900"，宽度"50"。完成一个 900 长、50 宽的门的绘制（图 2-3-12）。

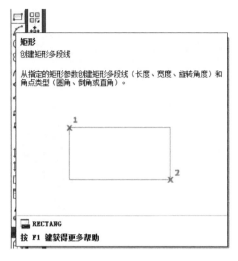

图 2-3-11 "矩形"按钮

扫码观看
矩形命令绘制门板
视频

图 2-3-12 绘制的矩形门

4 圆弧命令绘制门轨迹线

① 打开"定位轴线"图层，选定绘制的矩形门，单击"移动"按钮，或者输入快捷命令"M"，对门板进行移动。按快捷键"F3"打开"对象捕捉"（图 2-3-13），将其移动到门的合适位置（图 2-3-14）。

图 2-3-13 对象捕捉命令

② 执行"圆弧"命令（图 2-3-15）。

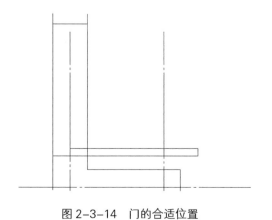

图 2-3-14 门的合适位置

图 2-3-15 执行"圆弧"命令

③ 单击"圆弧"按钮，或者输入快捷命令"ARC"，执行命令。圆弧由三个点构成，单击鼠标捕捉门的右上角的位置为第一个点，单击鼠标捕捉上门洞的中轴线为第二个点，单击鼠标捕捉上门洞的左端点为第三个点，完成圆弧的绘制（图 2-3-16）。

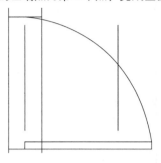

图 2-3-16　完成圆弧的绘制

扫码观看
圆弧命令绘制门轨
迹线视频

5 旋转门板

① 关闭"轴线图层"，选中做好的门（注意：包括圆弧），单击"复制"命令，或者输入快捷命令"CO"进行复制，选中复制的门，单击"旋转"按钮（图 2-3-17）。或者输入快捷命令"RO"，按"空格"键框选所复制的门（包括圆弧），再按"空格"键，选择一个"角点"向上进行旋转（图 2-3-18）。按快捷键"F8"可以直接旋转成需要的方向。

② 单击"移动"按钮，或者输入快捷命令"M"将其移动到合适位置。旋转时需打开"正交模式"，保证旋转角度正确，没有偏差（图 2-3-19）。

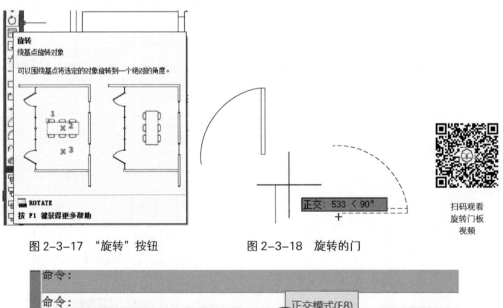

图 2-3-17　"旋转"按钮　　　图 2-3-18　旋转的门

图 2-3-19　正交模式

注意

在绘制过程中，会交替循环使用快捷键"F3""F8"。

6 镜像门板

① 当遇到呈镜面对称的图形时，选中门，单击"镜像"按钮，再在操作界面单击鼠标左键进行镜像操作，出现"要删除源对象吗？"，若输入"Y"，按"空格"键确认，源对象将被删除；相反，若输入"N"，按"空格"键确认，则保留源对象（图2-3-20）。也可以输入快捷命令"MI"进行"镜像"操作，具体操作方法与操作"镜像"按钮一致。

② 单击"移动"按钮，移动到合适位置，或者输入快捷命令"M"进行操作。关闭"定位轴线"图层，选定全部图形，单击"修剪"按钮，或者输入快捷命令"TR"，按住"空格"键再次执行修剪命令，修剪掉多余的直线。完成门的绘制如图2-3-21所示。

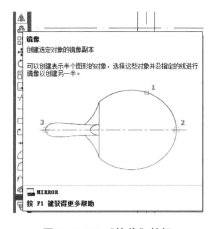

图2-3-20 "镜像"按钮

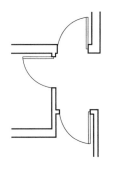 

图2-3-21 完成门的绘制

扫码观看
镜像门板
视频

7 绘制推拉门门洞

 提示

过图纸，可以看到在客厅通往外阳台处有个推拉门，由第三条定位轴线和第四条定位轴线，分别向内侧偏移920。

① 输入快捷命令"LA",打开"定位轴线"图层,单击"偏移"按钮对第三、第四条定位轴线进行偏移,按"Esc"键退出,或者输入快捷命令"O"进行操作。

② 将偏移后的定位轴线及时地置为"墙体"图层,设置为墙体图层的方法有两种。方法一:输入快捷命令"MO"或者按"Ctrl +1"键打开"特性",切换为"墙体"图层(图2-3-22)。方法二:输入快捷命令"MA"进行"特性匹配",先选择墙体图层里的墙体作为源对象,再选择"轴线"作为目标对象进行图层的切换,完成设置(图2-3-23)。

图 2-3-22 打开"特性"

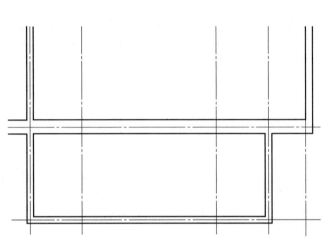

图 2-3-23 绘制推拉门

③ 关闭"定位轴线"图层,单击"修剪"按钮,对新绘制的墙体进行修剪(图2-3-24)。

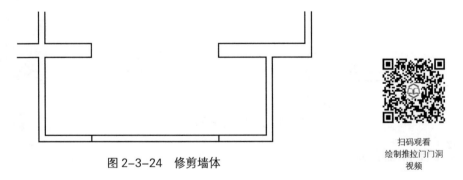

图 2-3-24 修剪墙体

扫码观看
绘制推拉门门洞
视频

8 绘制推拉门门扇

① 单击"矩形"按钮,输入"1180,50",绘制长为1180、宽为50的矩形,按"空格"键确认,或者输入快捷命令"REC"进行操作,操作步骤操作同"矩形"按钮(图2-3-25)。

② 单击"复制"按钮，或者输入快捷命令"CO"，复制绘制的矩形框（图 2-3-26）。选中复制的矩形框，单击"移动"按钮，或者输入快捷命令"M"将其移动到合适位置，并删除两墙体间的中线，完成推拉门的绘制（图 2-3-27）。

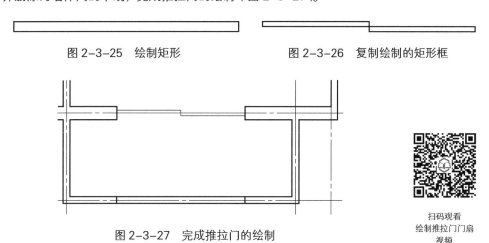

图 2-3-25　绘制矩形　　　　　图 2-3-26　复制绘制的矩形框

图 2-3-27　完成推拉门的绘制

扫码观看
绘制推拉门门扇
视频

9 绘制平开窗

首先绘制阳台上的窗户。

 注意

绘制墙线时使用"多线"命令进行操作，而对多线进行修改时需要先将其进行分解，输入快捷命令"X"，选中需要修改的部分，按"空格"键执行。

① 选定一条直线，执行"打断于点"命令（图 2-3-28）。

② "打断于点"命令用于将对象从某一点处断开成两个对象。单击"打断于点"按钮，根据提示，单击鼠标左键选择要打断的直线对象，单击鼠标左键选择要打断的第一个点，重复四次"打断于点"，绘制完成窗户的上下边框，单击鼠标左键选中上下边框，置为"门窗"图层，或者输入快捷命令"BR"进行"打断于点"操作，操作步骤与操作"打断于点"按钮一致（图 2-3-29）。

③ 因为墙的参数是 120，单击"偏移"按钮，或者输入快捷命令"O"，输入偏移数值"40"，按"空格"键确认，将窗框上下两线分别向下、向上偏移，将墙分为三等份，按"Esc"键退出（图 2-3-30）。

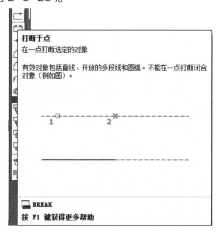

图 2-3-28　"打断于点"按钮

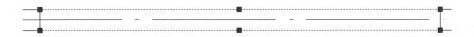

图 2-3-29　上下边框置为"门窗"图层

图 2-3-30　偏移窗框

④ 重复上述步骤完成所有窗户的绘制（图 2-3-31）。

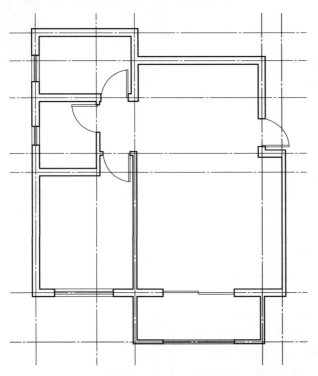

扫码观看
绘制平开窗
视频

图 2-3-31　窗户的绘制

 注意

　　有时复制的不一定是定位轴线，也可能是墙体，要看清图纸，细心绘制。当遇到墙体参数为 240 时，平分成三等份，偏移数值设置为"80"。有时也会用到"延伸"命令，所以需要灵活运用所学的知识和命令。

四、绘制定位轴线编号

在图纸中可以看到每条定位轴线都有编号,定位轴线的编号是为了确定建筑物的具体位置而编制的。

1 属性块

属性块就是在图块上附加一些文字属性(Attribute),这些文字不同于嵌入图块内部的普通文字,无需分解图块,就可以非常方便地进行修改。

说明

> 在制图规范中,圆圈的直径为8~10mm,在1:100的图纸上绘制圆圈时,直径则为800~1000mm。

① 执行"圆"命令,单击"圆"按钮,单击鼠标确定圆心,输入半径数值为"400",按"空格"键确认,完成圆的绘制(图2-4-1和图2-4-2)。

图2-4-1 "圆"按钮

图2-4-2 半径为400的圆的绘制

② 输入快捷命令"ATT",执行块的"定义属性",弹出"属性定义"对话框,并进行相关设置(图2-4-3)。在"属性"中,"标记"为AXIS,"提示"为输入轴线编号,"默

图2-4-3 属性定义

认"为1，在"文字设置"中"对正"为正中，文字样式为HZ，文字高度为250（注意："文字高度"设置时，由于所绘制的平面图比例为1：100，所以输入时需扩大100倍，为"250"）。

2 创建带属性的图块

① 框选圆圈及里面的文字，输入快捷命令"B"，进入"块定义"对话框并进行以下设置，"名称"下为编号，单击"拾取点"后选择圆圈上方的象限点，单击"确定"（图2-4-4）。随后会出现"编辑属性"的对话框（图2-4-5），"输入轴线编号"为1。

图2-4-4　块定义

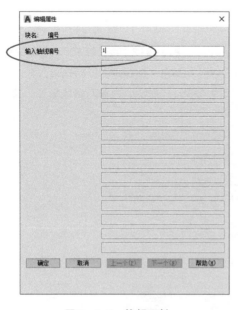

图2-4-5　编辑属性

② 输入快捷命令"I"，进入"插入"对话框，在"名称"中输入"编号"，单击"确定"（图2-4-6），随后会出现"编辑属性"的对话框（图2-4-7）。

③ "输入轴线编号"为2，单击"确定"，然后将其放置在相应的轴线上，以此类推。在绘制纵向轴线编号时，需将"块定义"中的"拾取点"设置为圆圈右边的象限点。横向的轴号为阿拉伯数字，纵向的轴号为大写的英文字母。

④ 根据制图规范，若两根轴线的轴号位置有重合，需对其位置进行修改，添加两条短直线，从轴号圆圈上方象限点处引到轴线的末端，这两条短直线的图层须与轴线图层一致（图2-4-8）。

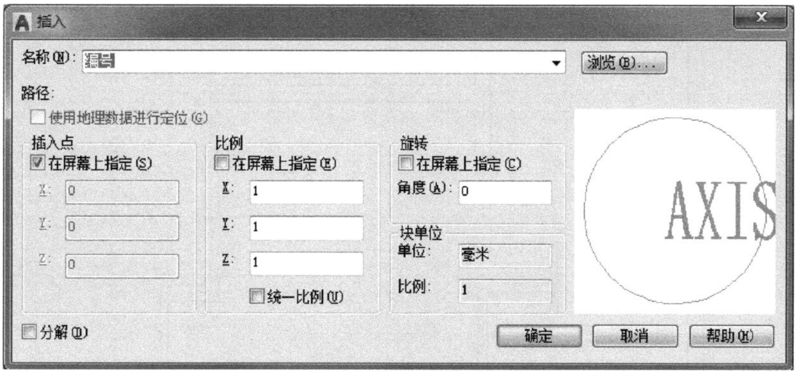

图 2-4-6　插入

图 2-4-7　输入轴线编号改为 2

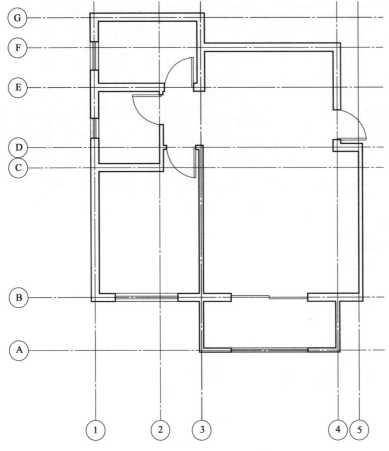

图 2-4-8　定位轴线编号的绘制

扫码观看
绘制定位轴线编号
视频

五、尺寸标注

1 新建标注图层

　　输入快捷命令"LA"，进入"图层特性管理器"，新建名为"尺寸标注"的图层，颜色为"青"，线型为"Continuous"，线宽为"0.15毫米"，将此图层置为当前（图2-5-1）。

2 尺寸线性标注

　　① 单击菜单栏中的"标注"按钮，选择下滑栏中的"线性"，或者输入快捷命令"DLI"，进行"线性"标注（图2-5-2）。

　　② 标注尺寸时要先标小后标大。标注横向尺寸时，按照从左到右的顺序；标注纵向尺寸时，按照从下到上的顺序进行标注。为了美观，若两道尺寸线的起止符号没有重叠在一起，

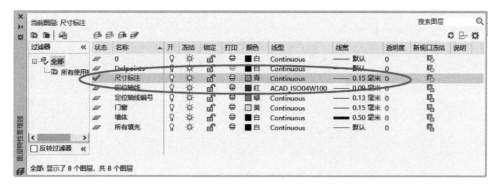

图 2-5-1　新建标注图层

发生错位现象，可选择其中一道拖动到和前一道起止符号位置相同的地方。当尺寸界线不在同一条线上时，可绘制一条辅助线，输入快捷命令"XL"，使用"构造线"命令，在合适的位置点击一次，在另一端再点击一次，即可绘制出一条辅助线，将尺寸界线的起始点移动到这根辅助线上即可。根据《建筑制图标准》，每道尺寸线间的间距为"8~10"，在1：100的

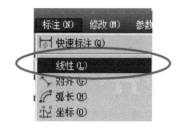

图 2-5-2　线性选择

图纸中绘图时，需扩大100倍，为"800"。输入快捷命令"O"，进行"偏移"，点击第一条绘制的辅助线，输入距离"800"，按"空格"键确认，向下进行点击，绘制第二条辅助线，接着连续按两次"空格"键，向下点击，进行第三条辅助线的绘制。输入快捷命令"DLI"，进行横向尺寸的第二层和第三层标注，完成标注后删除辅助线（图2-5-3）。

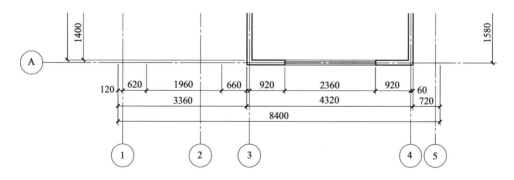

图 2-5-3　横向尺寸标注

③ 单击鼠标右键，选择"重复线性标注"，或者按一次"空格"键，可进行重复标注。标注纵向右侧和横向上侧的尺寸（图 2-5-4 和图 2-5-5）。为了美观，在进行黑白复印时不易混淆，对其进行调整（图 2-5-6）。

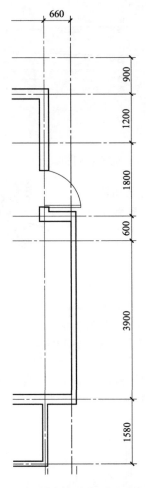

图 2-5-4 纵向右侧尺寸标注

扫码观看
尺寸标注
视频

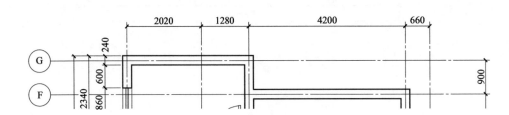

图 2-5-5 横向上侧尺寸标注

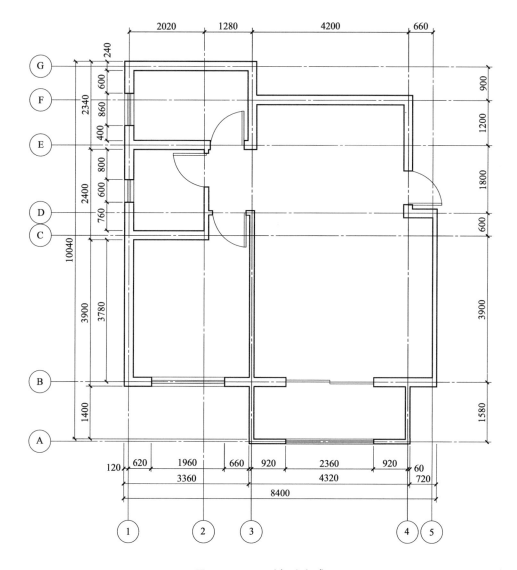

图 2-5-6 尺寸标注完成

六、标注图名与比例

1 标注图名文字

① 单击"多行文字"按钮，或者输入快捷命令"T"，进行"多行文字"操作，指定第一个角点，接着点击对角点，输入图名"室内原始结构平面图"，将其选中，字体设置为"宋体"，文字高度设置为"500"，单击"确定"按钮（图 2-6-1）。

图 2-6-1　图名文字格式设置

② 单击"移动"按钮，将图名移动至图的正下方位置处。根据国家标准，图名下方为两条直线，上面一条为粗实线，下面一条为细实线，这两条直线前后需超出图名一个半字符左右。输入快捷命令"PL"，运用"多段线"进行绘制，输入"W（宽度）"，指定起点宽度为"20"，指定端点宽度为"20"，多段线位置如图 2-6-2 所示，在开始位置点击一下以确定基点，在结束端部位置再点击一下，完成第一条线的绘制。输入快捷命令"L"，使用"直线"命令进行第二条线的绘制。长度与第一条直线一致，两条线前后需对齐（图 2-6-2）。

扫码观看
标注图名文字
视频

室内原始结构平面图

图 2-6-2　图名下的直线绘制

2 标注比例数字

① 单击"多行文字"按钮，或者输入快捷命令"T"，进行"多行文字"操作。

② 指定第一个角点，接着点击对角点，输入比例"1：100"，将其选定，文字高度设置为"300"，图名文字和比例的颜色需与图名线颜色进行区分，选择字体部分，输入快捷命令"MO"，进入"特性"，将"常规"中的颜色改为"黄"，字体为"宋体"（图 2-6-3），标注完比例数字如图 2-6-4 所示。

图 2-6-3　设置比例

室内原始结构平面图　　1：100

扫码观看
标注比例数字
视频

图 2-6-4　标注比例数字

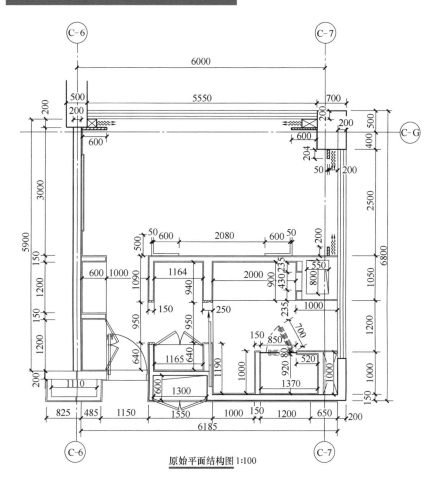

原始平面结构图 1:100

制作分析

第一步：使用"线"工具绘制定位轴线，然后根据尺寸使用"偏移"命令制作墙体（宾馆公共建筑物厚墙200mm，薄墙150mm，说明：内墙体两侧含5mm的装饰层）。

第二步：使用"圆弧""矩形"工具绘制平开门，使用"偏移""复制"命令制作窗户（宾馆入户门1000mm，储藏室双开门1200mm，窗户宽240mm）。

第三步：使用"线性标注"命令进行尺寸标注，使用"圆""多行文字"工具进行定位轴线编号（特别注意：文字样式使用"仿宋"，宽度因子0.7，标注文字高度300，定位轴线编号文字高度600，图名文字高度1000，比例文字高度550，定位轴线编号圆圈直径800mm）。

绘制室内地面材料铺装图

第三章

● 任务目标

通过对本项目的学习，掌握以下技能与方法：

□ 通过学习室内地面材料铺装图的正确制图顺序，完成室内地面材料铺装图；

□ 按照地砖规格尺寸的正确绘制方法完成卧室、客厅、厨房、卫生间、阳台地面材料的绘制；

□ 正确使用填充命令完成剪力墙体的填充；

□ 正确使用文字命令修改图名。

● 任务内容

在正确掌握地面材料施工铺装知识的基础上，运用 AutoCAD 软件，绘制室内地面材料铺装图，绘制效果如图 3-0-1 所示。

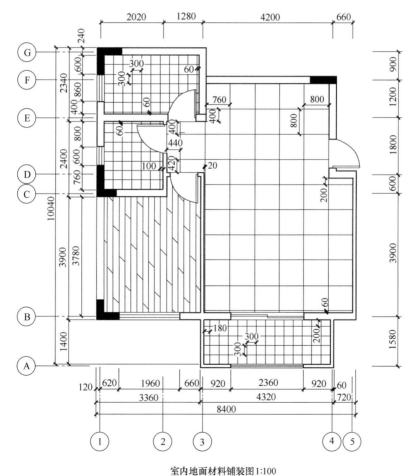

室内地面材料铺装图1:100

图 3-0-1 室内地面材料铺装图

● **实施条件**

1. 台式计算机或笔记本电脑。

2. AutoCAD 正版软件。

一、绘制卧室地面强化地板

1 修改图名

① 将"室内原始结构平面图"选中，单击"复制"按钮，按照间隔有序的要求向右进行复制，复制四个（即复制完后加上原有图共有五个图）。将第二个图的图名修改为"室内地面材料铺装图"。

② 在"室内地面材料铺装图"中，将轴线隐藏，单击"矩形"按钮或者输入快捷命令"REC"，给每个区域绘制一个矩形，使其封闭起来，方便填充。若所需绘制区域为不规则形状，可用"多段线"进行绘制，输入快捷命令"PL"，沿着所需区域的边缘进行描绘，在后面填充完成之后将绘制的矩形和多段线删除（图 3-1-1）。

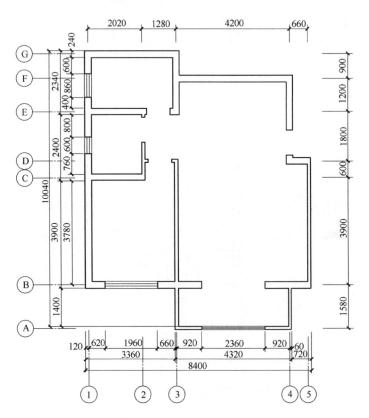

扫码观看
修改图名和封闭填
充区域视频

图 3-1-1　隐藏定位轴线并封闭填充区域

注意

在铺装过程中会用到"填充"工具。填充前，要注意室内空间是否围合。一定是要围合的，不然填充时会遇到不小的麻烦。

图 3-1-2　新建图层"地面材质分隔线"

2 图案填充地板

① 输入快捷命令"LA"，进入"图层特性管理器"，与之前所设置的"所有填充"图层方式相同，新建一个图层，名称设置为"地面材质分隔线"，颜色设置为"8"灰色，把它置于当前图层（图3-1-2）。单击"图案填充"按钮（图3-1-3），也可以输入快捷命令"H"，打开"图案填充和渐变色"管理器，在"类型"中选择"预定义"，用鼠标单击"类型和图案"中的"图案"后带有"…"的小方块打开样例。单击下拉，选中一个类似于地板的图案样例"DOLMIT"。单击"确定"按钮退出。单击"边界"中的"拾取点"按钮（图3-1-4）。

图 3-1-3　"图案填充"按钮

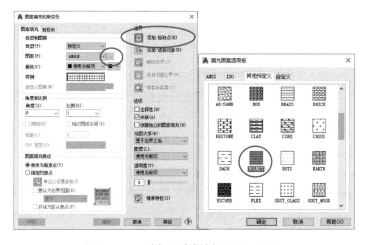

图 3-1-4　选择图案样例"DOLMIT"

② 单击选中要拾取的范围后，按"空格"键确认，出现"图案填充和渐变色"管理框，将"角度和比例"中的"比例"设置为"30"（注意：地板的填充方向为顺光，"角度和比例"中，"角度"需要根据所绘制图纸的情况来进行调整），我们所绘制的图，角度需旋转90°（图3-1-5）。

③ 单击"确定"按钮，在图中看到已经填充完毕（图3-1-6）。

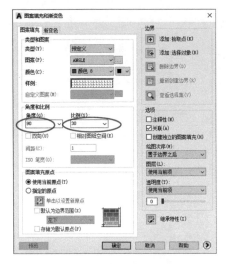

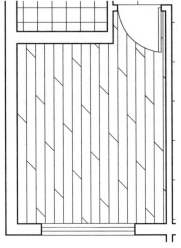

扫码观看
图案填充地板
视频

图3-1-5　角度和比例设置　　　　图3-1-6　完成图案填充

二、绘制客厅地砖

 说明

在客厅和厨房之间，采用铺地砖的形式。现在市面上比较流行的是800mm×800mm、600mm×600mm、300mm×300mm的地砖，有抛光砖、釉面砖、微晶石地砖等。绘制地砖的铺装图对于施工过程是非常有帮助的，而且对于预算地砖用量和价格也很有帮助。

① 输入快捷命令"H"，进入"图案填充和渐变色"，在"类型"中选择"用户定义"（"用户定义"往往在砖规格为800mm×800mm、600mm×600mm的填充中使用），在"角度与比例"中的"双向"前打勾，"间距"改为"800"。在铺贴瓷砖时，往往将整砖贴在门口，碎砖贴在边角处，在"图案填充原点"处选择"指定的原点"，点击"单击以设置新原点"（图3-2-1）。

② 选择门附近的一点作为起铺点，接着点击"边界"处"添加：拾取点"，选择所需填充区域，可点击"预览"进行效果查看，若无需改动，则单击"确定"按钮，完成填充（图3-2-2）。

图 3-2-1　图案填充设置

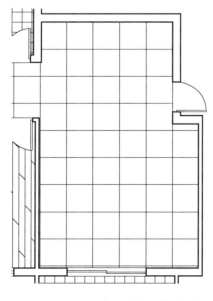

图 3-2-2　客厅地砖的铺装

扫码观看
绘制客厅地砖
视频

说明

> 从图 3-2-2 中可看到非整块地砖的部分，在施工的过程中需要切割掉多余的地砖。
> 图 3-2-2 中，如果有的地方显示地砖与墙体只留有较小的空隙，则在抹缝施工过程中，施工员
> 就会进行抹灰处理。在施工过程中可以发现，绘制地砖的方向顺序是与现场施工人员施工移动
> 方向相一致的。

三、绘制厨房、卫生间、阳台地砖

 提示

> 厨房、卫生间、阳台，对于这些小面积的区域通常选用的地砖规格都为 300mm×300mm，
> 所以在绘制时可以一起进行填充。

① 输入快捷命令"H"，进入"图案填充和渐变色"，在"类型和图案"中"类型"选
择"用户定义"，"角度和比例"中双向的"间距"为"300"（图 3-3-1）。

② 点击"添加：拾取点"，选择厨房、卫生间、阳台的区域，进行填充
（图 3-3-2～图 3-3-4）。

图 3-3-1　图案填充设置

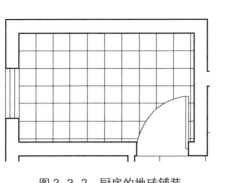

图 3-3-2　厨房的地砖铺装　　　　图 3-3-3　卫生间的地砖铺装

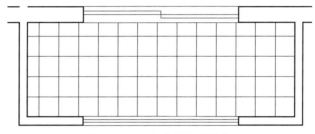

图 3-3-4　阳台的地砖铺装

这样，地面材料铺装就完成了（图 3-3-5）。

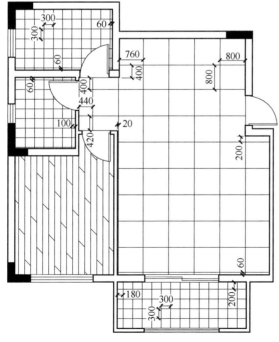

图 3-3-5　完成地面材料铺装

扫码观看
绘制厨房、卫生
间、阳台地砖
视频

四、标注尺寸

为了便于施工人员对地砖的切割和计算，在室内地面材料铺装图中进行标注。

① 输入快捷命令"OP"，进入"选项"界面，找到"绘图"，在"对象捕捉选项"中，将"忽略图案填充对象"前面的勾去掉，单击"确认"按钮，这样就可以精准地标注填充图案中砖的尺寸（图3-4-1）。

图3-4-1　忽略图案填充对象

> 为了使室内地面材料铺装图的标注与其他标注有所区别，需要新建标注样式加以区分。

② 单击菜单栏中的"标注"按钮，选择下滑栏中的"标注样式"，或者输入快捷命令"D"，打开"标注样式管理器"，选择之前设置好的样式"尺寸标注"，单击"替代"按钮，对其进行调整（图3-4-2）。

③ 打开"替代当前样式：尺寸标注"管理框，将"文字"中"文字外观"下的"文字高度"设置为"1.5"。单击"确定"按钮后单击"关闭"按钮（图3-4-3）。

④ 调整完成后，单击鼠标右键，选择"重复线性标注"进行标注。

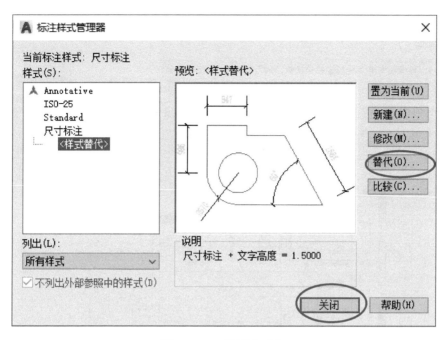

图 3-4-2 "替代"按钮

图 3-4-3 设置文字高度

注意

标注尺寸中，会经常按快捷键"F3""打开/关闭对象捕捉"。

⑤ 依次标注完客厅、厨房、卫生间、阳台的尺寸，完成室内地面材料铺装图（图3-4-4）。

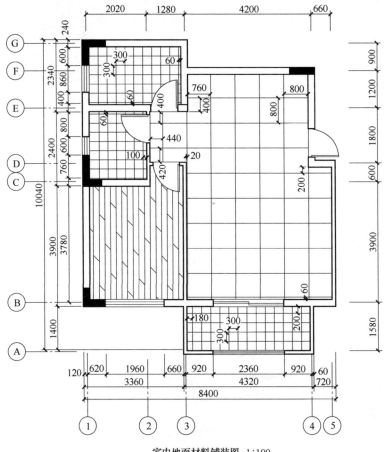

室内地面材料铺装图　1:100

图3-4-4　尺寸标注完成的室内地面材料铺装图

扫码观看
尺寸标注
视频

说明

对于卧室的木地板，市场基本规格是 12mm 厚，2000mm 长，200mm 宽。

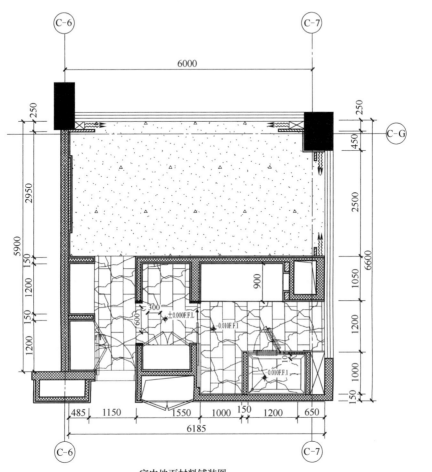

室内地面材料铺装图 1:100

制作分析

第一步：使用填充工具填充墙体、承重柱、地毯。

第二步：使用填充工具填充大理石地面，使用偏移工具分割入户过厅、更衣室、卫生间地砖。

绘制室内家居平面布置图

第四章

● 任务目标

通过对本项目的学习，掌握以下技能与方法：

□ 按照室内平面布置图的正确制图顺序，在艺术美学与人体工程学的基础上，完成客厅、卧室、餐厅、厨房、卫生间的室内家居平面布置图；

□ 能够从模型库中选择模型，并进行合适的复制与粘贴；

□ 能够使用图层特性管理器新建图层名为"家具"的新图层。

● 任务内容

正确掌握艺术美学与人体工程学的基础上，运用 AutoCAD 软件，绘制带有客厅、卧室、餐厅、厨房、卫生间的室内家居平面布置图，绘制效果如图 4-0-1 所示。

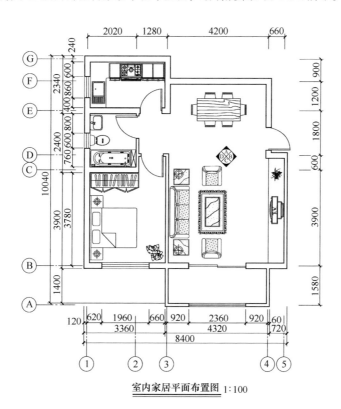

室内家居平面布置图 1:100

图 4-0-1 室内家居平面布置图

● 实施条件

1. 台式计算机或笔记本电脑。

2. AutoCAD 正版软件。

一、前期准备工作

① 将复制的"室内原始结构平面图"的图名改为"室内家居平面布置图"。

② 同"室内地面材料铺装图"一样，单击"矩形"按钮，绘制一个辅助的矩形框，单击"修剪"按钮，修剪掉框内的纵向和横向的定位轴线，并将辅助矩形框删除。选中刚刚绘制的"室内家居平面布置图"，单击"复制"按钮，按照间隔有序的要求向右进行复制，复制两个，不需要重复修剪定位轴线（图 4-1-1）。

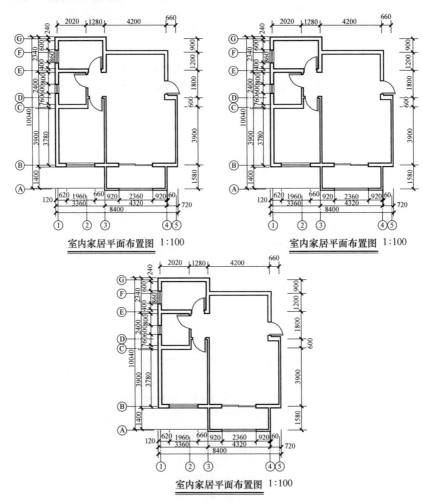

图 4-1-1　复制"室内家居平面布置图"

 说明

　　打开"CAD 图库"，可以看到一些常用家居图示，通过复制、粘贴进行一个平面的布置。

问题：如果遇到一些比较特殊的结构部位或是家居平面，可以利用 AutoCAD 进行简单的绘制。在打开的图库中，一些圆形的地毯、沙发等图示看起来不是圆的，这是因为计算机显卡的原因，而不是绘制成这样的。怎样让它变为圆形呢？

③ 单击菜单栏中的"视图"按钮，在下滑栏中可以看到"重生成"和"全部重生成"（图 4-1-2）。或者输入快捷命令"RE"，也可以执行此命令。

注意

"重生成"是只对当时页面选中的内容进行重生成；而"全部重生成"是对整个文件中的 CAD 图库里的图形进行重生成。

图 4-1-2　全部重生成的选择

扫码观看
前期准备工作
视频

说明

当继续放大时，又会发现还会有一些不圆滑，再次单击一下菜单栏中"视图"里的"全部重生成"，这时又会圆滑许多。此时，可以在里面选取需要的、适合的内容进行布置。

二、客厅、餐厅家具平面布置

① 新建图层名为"家具"的新图层，颜色为"绿"，线型为"Continuous"，线宽为"0.2 毫米"（图 4-2-1）。

② 选中需要的家具，点击鼠标右键选择复制或者运用快捷键"Ctrl+C"进行复制，切换到绘制图中进行粘贴（快捷键"Ctrl+V"），用鼠标拖动到合适位置放置。

③ 在图库中，找到心仪的沙发图形，运用快捷键"Ctrl+C"进行复制（图 4-2-2）。

④ 切换到"家居平面布置图"中进行粘贴（快捷键"Ctrl+V"），框选家具的图元，将其放到"家具"图层。若家具图元在切换到"家具"图层时颜色没有发生改变，可输入快捷命令"MO"，打开"特性"，将颜色设置为随层（Bylayer）即可修改。输入快捷命令"B"进入"块定义"，可将家具图元成块后一起移动，建完块后修改其图层（图 4-2-3）。

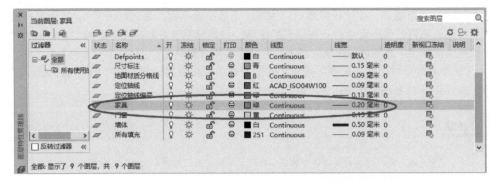

图 4-2-1　新建图层名为"家具"的新图层

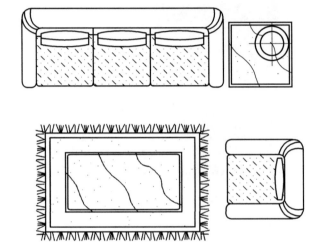

图 4-2-2　图库中的沙发图形

图 4-2-3　块定义

说明

在现实中，电视下的橱柜尺寸为 2400mm×500mm×460mm。

⑤ 选中墙体，输入快捷命令"O"，进行"偏移"，输入距离数值"600"，按"Esc"键退出，完成电视柜的绘制。由于偏移过后的线会有和墙体相同的颜色、线宽等属性，所以可以输入快捷命令"MA"，进行"特性匹配"，选择一个原先设置好属性的家具图块，再选择所需修改属性的图块，即可对其进行属性修改。在图库中选中心仪的电视图形。

注意

在图库中，选择合适的电视之前，要按"Esc"键退出，因为之前选定沙发图形进行复制，需要按"Esc"键退出对沙发的选定。

⑥ 选择图库中的电视进行复制，粘贴到图中。单击"移动"按钮或者输入快捷命令"M"，移动到合适位置放置。为了更加美观，可以在电视旁边摆放合适的盆景。在图库中选取合适的植物，复制、粘贴到图中并移到电视旁的合适位置。在图库中，选择一个比较简单的餐厅木桌，复制粘贴到"室内家居平面布置图"的餐厅位置（图4-2-4）。

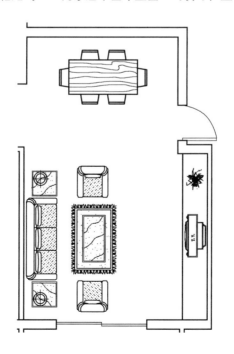

扫码观看
客厅和餐厅家具
平面布置视频

图 4-2-4　客厅和餐厅布置

三、卧室家具平面布置

卧室是舒适的居住空间，打开图库，选择卧室里需要的家具图形。

① 选择心仪的大床及衣柜图形（图 4-3-1）。

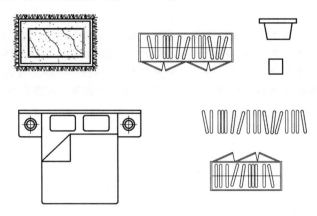

图 4-3-1　家具图形

② 同时进行复制，粘贴到"室内家居平面布置图"的空白处，修改图层，颜色选择随层，给每个家具建立块，然后单个进行选中，移动到图中合适位置。

③ 选中衣柜图形，单击"移动"按钮，将其移动到卧室中的合适位置，移动时按"F8"关闭正交。选中双人床图形，单击"移动"按钮，将其移动到卧室中的合适位置。可以在图库中选择叶子比较大的植物图形，复制并粘贴到卧室中的合适位置，使卧室更美观，空气更新鲜（图 4-3-2）。

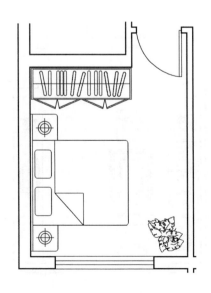

扫码观看
卧室家具平
面布置视频

图 4-3-2　放置植物

四、卫生间卫具平面布置

在卫生间里可以安放洗浴用具，如浴缸、马桶、洗手盆等。

① 在图库中选中合适的洗浴用具图形（图4-4-1）。

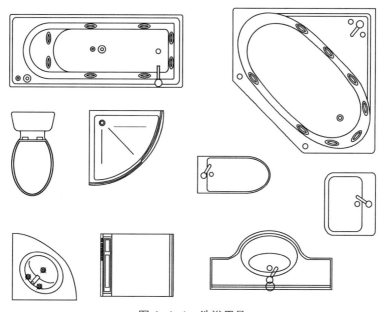

图4-4-1　洗浴用具

![说明]

　　复制并粘贴到"室内家居平面布置图"的空白处，修改图层，颜色选择随层，给每个家具建立块，单个移动放置到卫生间中的合适位置。

② 选中浴缸图形，单击"移动"按钮，或者输入快捷命令"M"进行移动，将其移动到卫生间的合适位置放置；选中马桶图形，单击"旋转"按钮或者输入快捷命令"RO"进行旋转，选中旋转后的马桶图形，单击"移动"按钮或者输入快捷命令"M"，将其移动到合适位置；选中洗手盆图形，旋转后移动到合适位置放置（图4-4-2）。

③ 浴缸离卫生间墙体有一定空间，延长浴缸的两边线至墙体，输入快捷命令"REC"，绘制一个矩形，单击"直线"按钮，或者输入快捷命令"L"，绘制一条对角线，然后可以重复"直线"命令再绘制一条直线，或者执行"镜像"命令，在矩形的上下两侧宽边中点处各点击一次，形成一条

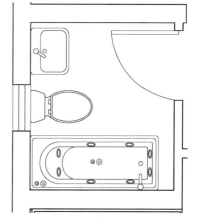

图4-4-2　洗浴用具放置

直线，绘制一个叉，表示是一个可以放置洗浴物品的平台（图 4-4-3）。

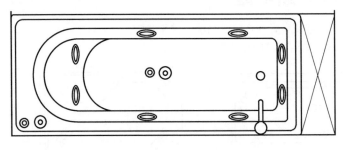

扫码观看
卫生间卫具
平面布置视频

图 4-4-3　浴缸的放置

五、厨房厨具平面布置

说明

在现实中，厨房台面的宽度为 600mm。

① 输入快捷命令"PL"，使用"多段线"命令，沿着厨房左墙和上墙的内侧线进行描绘，然后输入快捷命令"O"，对其进行偏移，距离为"600"。单击"圆角"按钮，或者输入快捷命令"F"，选中偏移后的纵向直线，输入"r"（说明："r"表示半径），按"空格"键确认，输入半径数据为"100"，按"空格"键确认，选中另外一条偏移的直线，完成圆的绘制（图 4-5-1）。

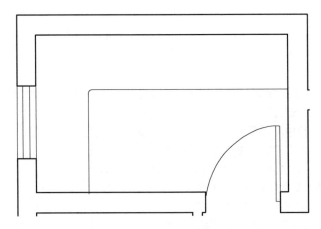

图 4-5-1　圆角后的操作台

② 在图库中，选中合适的灶台、洗菜盆等图形进行复制，粘贴到"室内家居平面布置图"的空白处，修改图层，颜色选择随层，给所复制的家具建立块，选中灶台右侧的橱柜，单击复制按钮，向右复制一个图形（图 4-5-2）。

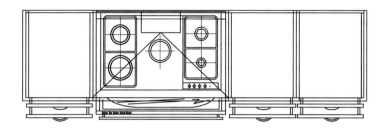

图 4-5-2　调整后的灶台

③ 选中调整后的灶台图形，单击"移动"按钮，将其移动到厨房中的合适位置进行放置；选中洗菜盆图形，旋转后移动到合适的位置放置（图 4-5-3）。

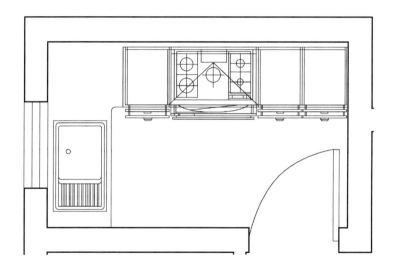

图 4-5-3　厨房的布置

注意

在家具摆放中，要适时按快捷键"F3"打开 / 关闭"对象捕捉"，适时按快捷键"F8"打开 / 关闭"正交"方便布置构图。

④ 全部布置完成后，可以对颜色和位置进行微调，以达到更美观的效果，从而完成"室内家居平面布置图"的绘制（图 4-5-4）。

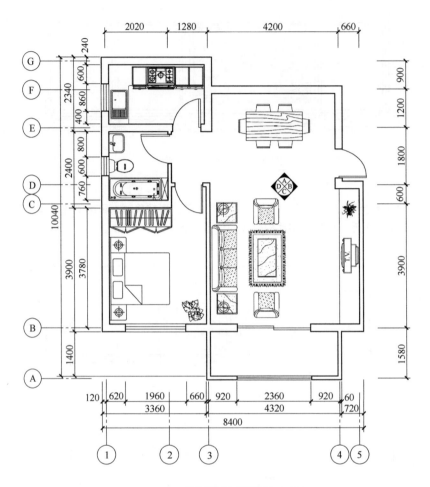

室内家居平面布置图 1:100

图 4-5-4 室内家居平面布置图

扫码观看
厨房厨具平
面布置视频

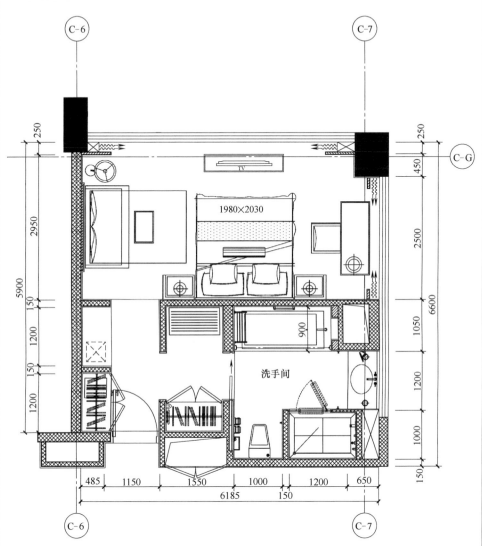

室内家居平面布置图 1:100

制作分析

第一步：使用复制工具复制双人床、写字桌、沙发、电视、落地灯、马桶、洗漱台、洗浴盆等图形。

第二步：使用矩形工具以及复制、旋转命令，制作更衣橱挂件图形。

绘制室内顶面布置图

第五章

● **任务目标**

通过对本项目的学习，掌握以下技能与方法：

☐ 理解室内顶面布置图的正确制图顺序与常规布置原理；

☐ 掌握常规吊顶与异形吊顶的标准绘制方法；

☐ 掌握标高的正确绘制方法，以及灯饰安放与绘制的一般方法；

☐ 在学习建筑制图与识图的基础上，打开 AutoCAD，绘制室内顶面布置图。

● **任务内容**

在正确掌握学习建筑制图与识图的基础上，运用 AutoCAD 软件，绘制带有客厅、卧室、餐厅、厨房、卫生间的顶面布置图，绘制效果如图 5-0-1 所示。

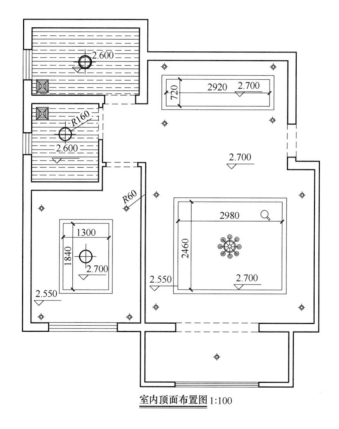

室内顶面布置图 1:100

图 5-0-1　室内顶面布置图

● **实施条件**

1. 台式计算机或笔记本电脑。

2. AutoCAD 正版软件。

一、绘制门洞过梁

① 首先将图名设置为"室内顶面布置图"。删除图中绘制的门。单击"直线"按钮，或者输入快捷命令"L"，在入户门处画一条过梁直线，输入快捷命令"LA"，新建一个名为"过梁"、颜色为"黄"、线型为"ACAD_ISO03W100"、线宽为"0.15毫米"的图层并"置为当前"，改变门梁的线型（图5-1-1）。

扫码观看绘制
门洞过梁视频

图5-1-1 新建过梁图层

② 回到"室内顶面布置图"中，选定"直线"，修改刚刚设置的线型，之后选定过梁直线，单击鼠标右键，选择"特性"，打开"特性"管理框，将"线型比例"修改为"5"，按"回车"键确认，在图中已经可以看到线型表现，关闭"特性"管理框（图5-1-2）。

③ 单击"复制"按钮，在门处完成过梁的绘制（图5-1-3）。

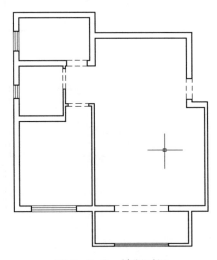

图5-1-2 修改线型比例

图5-1-3 绘制过梁

二、新建图层

① 输入快捷命令"LA"，进入"图层特性管理器"，新建一个名为"顶面造型线"，颜色为"青"、线型为"Continuous"、线宽为"0.20毫米"的图层（图5-2-1）。

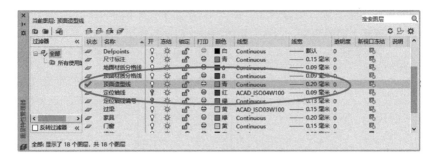

图 5-2-1 设置顶面造型线图层

② 再新建一个名为"顶面材质分格线"、颜色为"8"（灰色）、线型为"Continuous"、线宽为"0.09毫米"的图层，并"置为当前"（图 5-2-2）。

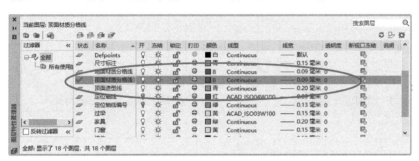

扫码观看
新建图层视频

图 5-2-2 设置顶面材质分格线图层

三、绘制室内客厅、卧室、餐厅吊顶

对于一般顶棚，将传统的吊顶延伸 70～80（注意：70～80 的单位为厘米）即可。

① 绘制客厅吊顶，输入快捷命令"REC"，在左下角绘制一个"800×800 的矩形"（图 5-3-1）。重复之前的命令，在右上角绘制一个相同的矩形（图 5-3-2）。输入快捷命令"REC"，以两个矩形端点的角点绘制一个矩形（图 5-3-3），选中两个小的矩形，输入快捷命令"E"删除。

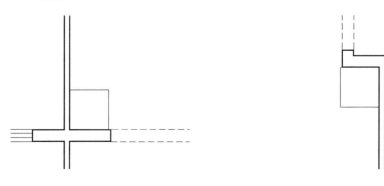

图 5-3-1 绘制左下角矩形　　　　　图 5-3-2 绘制右上角矩形

② 绘制卧室吊顶，输入快捷命令"REC"，在左下角绘制一个"800×800 的矩形"（图 5-3-4）。重复之前的命令，在右上角绘制一个相同的矩形（图 5-3-5）。输入快捷命令"REC"，以两个矩形端点的角点绘制一个矩形（图 5-3-6），选中两个小的矩形，输入快捷命令"E"删除。

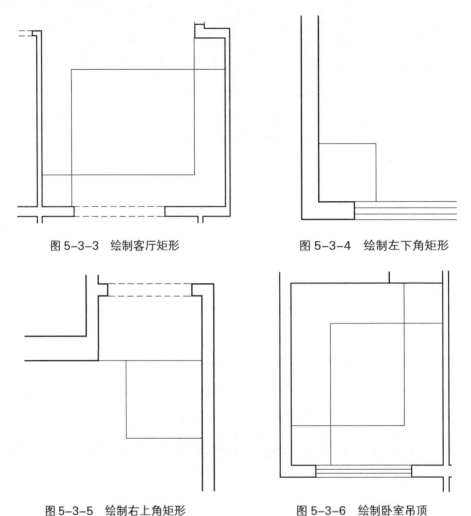

图 5-3-3　绘制客厅矩形　　　　　　图 5-3-4　绘制左下角矩形

图 5-3-5　绘制右上角矩形　　　　　　图 5-3-6　绘制卧室吊顶

③ 绘制餐厅吊顶，输入快捷命令"REC"，在左下角绘制一个"400×400 的矩形"，重复之前的命令，在右上角绘制一个相同的矩形（图 5-3-7）。输入快捷命令"REC"，以两个矩形端点的角点绘制一个矩形（图 5-3-8），选中两个小的矩形，输入快捷命令"E"删除。绘制完成的客厅、卧室、餐厅吊顶如图 5-3-9 所示。

④ 为了使吊顶更加美观，单击"偏移"按钮或者输入快捷命令"O"，输入数值为"20"，将卧室和客厅的吊顶线各向外进行偏移，偏移完成后，按"Esc"键退出，连续按两次"空格"键，输入偏移数据为"80"，将刚刚偏移过的直线向外进行偏移，偏移完成后，按"Esc"键退出，再次使用"偏移"按钮，输入偏移数据为"20"，将刚刚偏移过的

直线向外进行偏移，偏移完成后，按"Esc"键退出。完成客厅、卧室、餐厅的吊顶绘制（图5-3-10）。

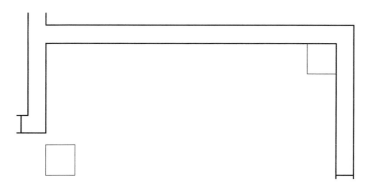

图 5-3-7　绘制辅助矩形

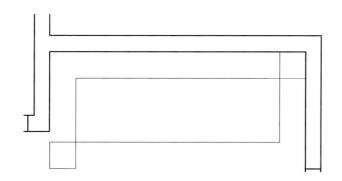

图 5-3-8　绘制餐厅吊顶

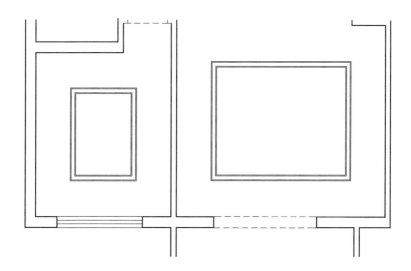

图 5-3-9　绘制客厅、卧室的吊顶

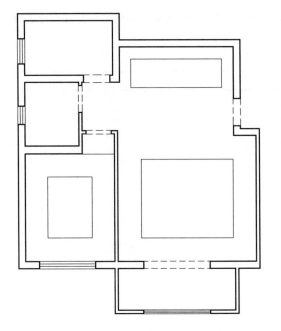

扫码观看
绘制客厅、卧室、
餐厅的吊顶视频

图 5-3-10　绘制完成的客厅、卧室、餐厅吊顶

四、绘制卫生间、厨房吊顶

家中的卫生间、厨房吊顶一般都会用比较便宜的铝塑板。

① 在图库中复制"排气扇"图形，粘贴在图中的合适位置，在厨房和卫生间各安装一个（图 5-4-1）。

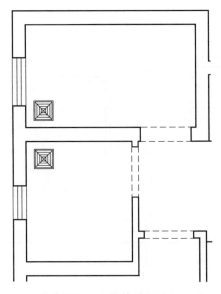

图 5-4-1　排气扇的放置

② 执行"图案填充"命令，单击"图案填充"按钮，或者输入快捷命令"H"，打开"图案填充和渐变色"管理框。单击"图案填充"中"类型和图案"下的"样例"，打开"填充图案选项板"，选择"BRASS"样例。将"比例和角度"中的"比例"设置为"32"，单击"添加：拾取点"按钮（图5-4-2）。

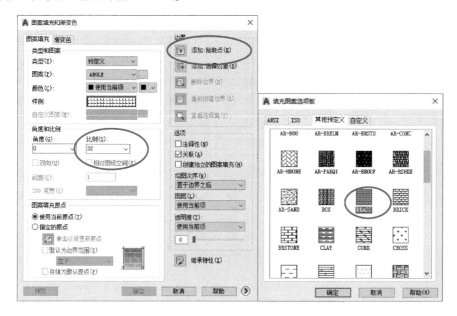

图 5-4-2　比例设置

③ 在绘制图中，用鼠标单击选择厨房和卫生间进行填充，按"空格"键确认，打开"图案填充和渐变色"管理框，单击"确定"按钮退出，完成卫生间、厨房吊顶的绘制（图5-4-3）。

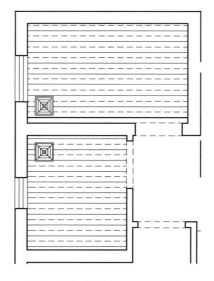

图 5-4-3　卫生间、厨房吊顶

扫码观看
绘制卫生间、
厨房吊顶视频

> **注意**
>
> 采用"顶面材质分格线"图层进行填充。

五、绘制标高符号

① 输入快捷命令"LA",在"顶面造型线"的基础上新建一个名为"标高"、颜色为"洋红"、线型为"Continuous"、线宽为"0.15毫米"的图层,将其设置为当前图层(图 5-5-1)。

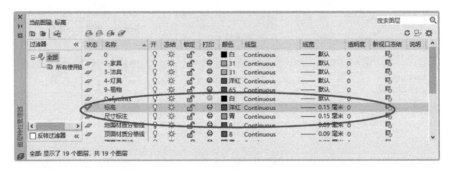

图 5-5-1　新建标高图层

② 输入快捷命令"L",向左画一条任意长度的直线,再向下输入"300",绘制一条直线。输入快捷命令"OS"或者"SE",打开"草图设置",在"极轴追踪"设置页面中勾选"启用极轴追踪",设置"增量角"为"45°"(图 5-5-2)。画一条"45°"的直线,输入快捷命令"MI"进行镜像,选中"45°"直线作为"源对象",沿"300"直线端点为镜像线的第一点和第二点。按住"空格"键选择"否",完成标高符号的绘制(图 5-5-3)。

图 5-5-2　草图设置

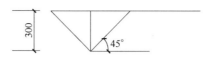

图 5-5-3　洋红色的标高符号

③ 执行"多行文字"命令，在标高符号上部输入数据"2.700"（注意：为什么是"2.700"而不是"2700"？因为标高单位以"米"计。"2.700"表示离地面的高度是2.7m），将文字高度设置为"200"，颜色为"黄"，单击"确定"按钮，调整数字位置或拉伸直线，使数字完全在标高线上部（图5-5-4和图5-5-5）。

图 5-5-4　标高数值输入

④ 选中绘制的标高符号和数字，单击"移动"按钮，将其移动至图中合适位置。选中标高符号和数字，单击"复制"按钮，复制到图中合适位置，并根据不同位置离地面的不同高度而修改数据（图5-5-6）。

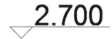

图 5-5-5　拉伸直线

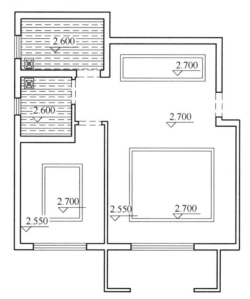

扫码观看
绘制标高符号视频

图 5-5-6　标高符号放置与标注

 说明

　　一般客厅和卧室的吊顶离地面2.550m左右，厨房和卫生间因为用龙骨做吊顶，所以离地面2.600m左右。

六、绘制顶面灯具

① 在图库中复制"吊灯"图形，粘贴在图中合适位置，新建一个名为"顶面灯具"、颜色为"30"、线型为"Continuous"、线宽为"0.15毫米"的图层，将其置为当前图层（图5-6-1）。关闭"图层特性管理器"，选中复制的吊灯，将其置为"顶面灯具"图层。

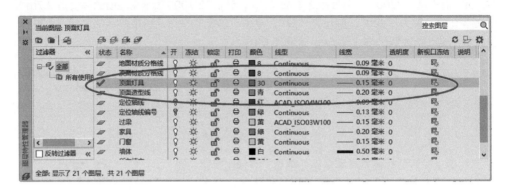

图5-6-1　新建顶面灯具图层

② 输入快捷命令"L"，在客厅吊顶上沿对角线做一条辅助线，选中"吊灯"，输入快捷键"B"，创建一个名为"20"的自定义块，输入快捷命令"M"移动吊灯，将其放在客厅吊顶的正中央，删除辅助线（图5-6-2）。

③ 筒灯的半径为50～60mm。绘制筒灯，输入快捷命令"C"，绘制一个半径为"60"的圆，再输入快捷命令"O"，向内偏移"15"，以圆心延长线为端点，输入快捷命令"L"绘制一条直线。输入快捷命令"MI"，以它作为"源对象"，直径为镜像线，进行镜像操作。按"空格"键选择"否"保留源对象。选中这两条直线，以圆心为基准点，斜"45°"方向象限点为另一个基准点进行镜像操作（图5-6-3）。将内部的圆置入"所有填充"图层。完成筒灯的绘制。

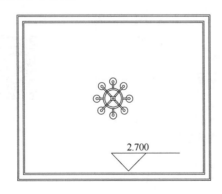

图5-6-2　绘制吊灯

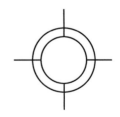

图5-6-3　筒灯的绘制

④ 在客厅、卧室、餐厅的适当位置放置"筒灯"（图5-6-4）。

084

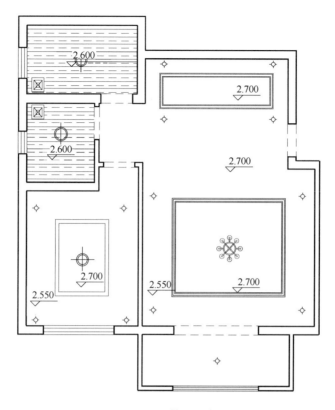

图 5-6-4　筒灯的位置

　　⑤ 吸顶灯的半径为"150"。绘制一个半径为"180"的圆，向内偏移"20"，将其置入"全部填充"图层，以圆心为端点，绘制一条直线。以它作为"源对象"，直径为镜像线，进行镜像操作。按"空格"键选择"否"，保留源对象。选中这两条直线，以圆心为基准点，斜"45°"方向象限点为另一个基准点进行镜像操作。完成吸顶灯的绘制。在卧室吊顶的对角线上做辅助线，将吸顶灯移动到中央（图 5-6-5）。

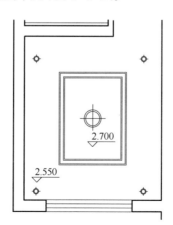

图 5-6-5　吸顶灯的绘制

⑥ 复制吸顶灯到合适的位置（图 5-6-6）。

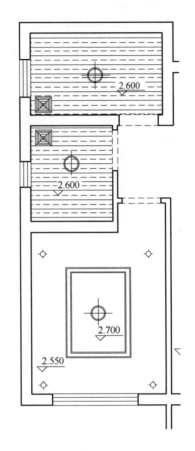

扫码观看
绘制顶部灯具视频

图 5-6-6　吸顶灯的放置

七、标注吊顶尺寸

① 单击菜单栏中的"标注"按钮，打开"标注样式管理器"；或者输入快捷命令"D"，打开"标注样式管理器"，单击"替代"按钮，打开"替代标注样式：尺寸标注"，将"文字"中的"文字高度"设置为"1.5"（图 5-7-1）。

② 单击"确定"按钮退出"替代标注样式：尺寸标注"管理框，单击"关闭"按钮，退出"标注样式管理器"。将"尺寸标注"设置为当前图层，单击菜单栏中的"标注"按钮，选择"线性"，或者输入快捷命令"DLI"，选择线性，进行尺寸标注，对顶面的石膏板吊顶进行线性标注（图 5-7-2）。对绘制的圆的造型进行尺寸标注，单击菜单栏中的"标注"按钮，选择下滑栏中的"半径"，或者输入快捷命令"DRA"，选择半径（图 5-7-3）。

③ 对圆进行尺寸标注，倾斜45°。单击鼠标右键，选择"重复半径"，完成其他圆的标注（图 5-7-4）。

图 5-7-1　替代标注样式

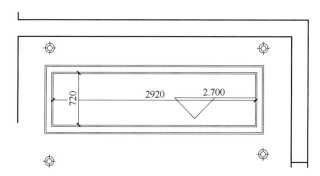

图 5-7-2　石膏板吊顶线性标注

图 5-7-3　标注中的半径

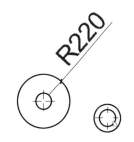

图 5-7-4　尺寸标注的圆

④ 通过"线性"尺寸标注时，要标注圆弧长度、灯之间的长度等，完成尺寸标注（图 5-7-5）。

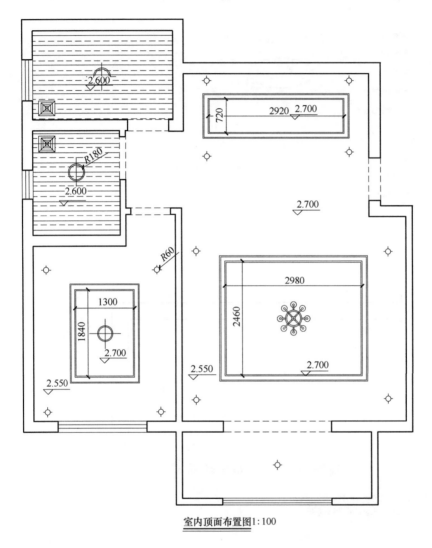

室内顶面布置图1:100

图 5-7-5 尺寸标注

扫码观看
标注吊顶尺寸视频

说明

关键部位的尺寸标注，对施工人员进行石膏板吊顶切割有很大帮助。

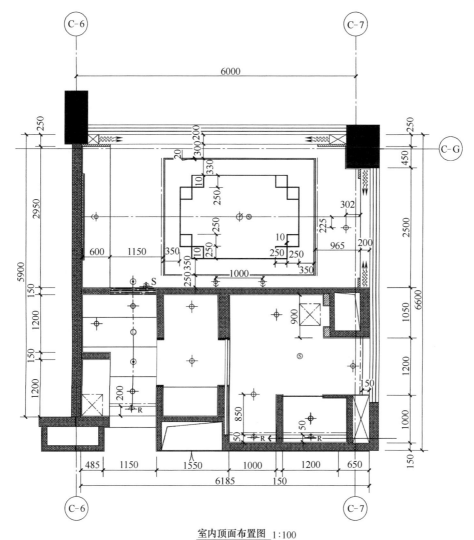

室内顶面布置图 1:100

制作分析

第一步：使用矩形工具以及偏移、复制、修剪命令绘制卧室吊顶。

第二步：使用圆、线工具以及复制命令绘制灯具。

绘制室内客厅
B 立面图

第六章

● 任务目标

通过对本项目的学习，掌握以下技能与方法：

□ 能够根据室内客厅立面图的制图顺序，正确绘制立面内视符号；

□ 能够按照室内客厅立面基础图的位置参考线绘制室内客厅立面图；

□ 能够按照室内客厅 B 立面布置图的正确制图顺序，绘制吊顶、墙面结构、电视背景墙、装饰物布置、材料标注、尺寸标注。

● 任务内容

在正确掌握建筑制图与识图的基础上，运用 AutoCAD 软件，正确绘制立面内视符号与室内客厅 B 立面图，绘制效果如图 6-0-1 所示。

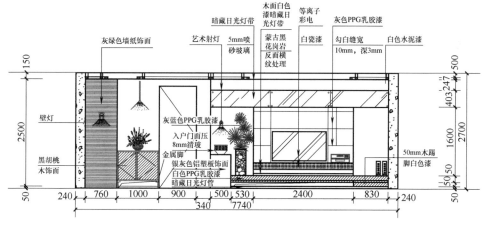

室内客厅B立面布置图 1:100

图 6-0-1 室内客厅 B 立面布置图

● 实施条件

1. 台式计算机或笔记本电脑。

2. AutoCAD 正版软件。

一、绘制室内客厅立面内视符号

1 绘制立面内视符号

接下来，由之前的平面布置图进入立面布置图的学习。需要在平面图中标示出室内客厅的立面内饰符号来指示各个立面的背景墙。

① 进入"0"图层或进入"墙体"图层。

② 单击"矩形"按钮，或者输入快捷命令"REC"，绘制一个边长为"600"的正方形，单击"分解"按钮，或者输入快捷命令"X"，对这个正方形进行分解。输入快捷键命令"O"，进行"偏移"命令，偏移距离为"300"，点击正方形左侧的边，向右点击进行偏移，再将上侧的边向下点击进行偏移处理。单击"圆"按钮，或者输入快捷命令"C"，圆心选择在正方形的中心，绘制一个半径为"300"的圆，选中绘制的图形，单击"旋转"按钮，或者输入快捷命令"RO"，旋转角度为"45°"（图 6-1-1）。

③ 单击"图案填充"按钮，或者输入快捷命令"H"，打开"图案填充和渐变色"管理框，打开"填充图案选项板"，选择第一个图案样例"SOLID"。单击"确定"按钮退出"填充图案选项板"，单击"拾取点"按钮进行图案填充。在图中会看到填充的图案是闭合的，按"空格"键确认，在"图案填充和渐变色"管理框中单击"确定"，退出管理框，完成外围填充，将填充放置在"所有填充"图层（图 6-1-2）。

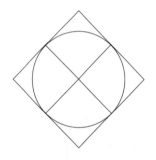

扫码观看
绘制立面内视符号
视频

图 6-1-1　旋转　　　　　　　图 6-1-2　图案填充

2 标识内视符号数字

① 单击"多行文字"按钮，或者输入快捷命令"T"，输入大写字母"A"，文字高度设置为"200"，单击"确定"按钮。选中"A"调整到合适位置，单击"复制"按钮，或者输入快捷命令"CO"，复制到其他框内，按"Esc"键退出。将复制后的"A"依次改为"B""C""D"（图 6-1-3）。

图 6-1-3　数字标识

② 将绘制完的室内客厅立面内视符号选中，单击"移动"按钮，或者输入快捷命令"M"，移动到"室内家居平面布置图"的中间位置（图 6-1-4）。

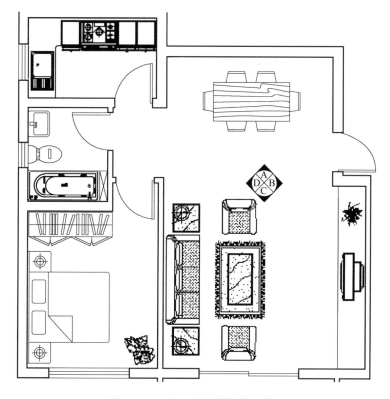

图6-1-4　室内家居平面布置图

✎ **说明**

　　其中，"A"代表"A"所指方向的餐厅左右两侧墙体之间的立面墙，称为"A立面墙"；同理，"B"代表"B"所指方向的从电视背景墙一侧到餐厅一侧之间的立面墙，称为"B立面墙"，立面图中门也需要画；"C"代表"C"所指方向的从沙发背景墙到电视背景墙之间的立面墙，称为"C立面墙"；"D"代表"D"所指方向的沙发背景墙左右两侧墙体之间（从沙发的一侧到餐厅的一侧）的立面墙，称为"D立面墙"。在立面图中，若两墙之间有过道，在立面图中应用折断符号表示。

二、绘制室内客厅立面基础图

1 复制室内客厅

　　① 输入快捷命令"CO"，将"室内家居平面布置图"进行复制，对复制后的平面图进行一些处理。

　　② 将平面图中的"尺寸标注"选中，按"Delete"键，或者输入快捷命令"E"，进行

删除，同时将卧室、厨房、卫生间、阳台等图形也删除，因为是绘制室内客厅立面图，用不到它们。留下完整的客厅图形即可（图 6-2-1）。

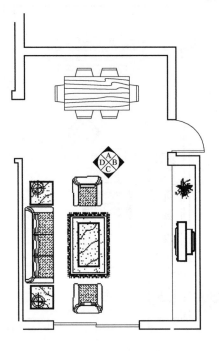

图 6-2-1　完整的客厅图形

2 绘制室内客厅基础立面

　　需要借鉴平面图来绘制立面图，绘制中要有严谨的态度，认真绘制。

　　① 进入"墙体"图层。

　　② 单击"直线"按钮，或者输入快捷命令"L"，绘制直线（注意：绘制水平、竖直直线时可按快捷键"F8"打开正交），围成一个围合空间，将客厅包围（图 6-2-2）。

　　③ 绘制 B 立面墙，在原图的基础上将线进行延伸。将边框的右边线选中，单击"复制"按钮，或者输入快捷命令"CO"，向外复制，输入数据为"2700"，按"空格"键确认。再将其向里复制，距离不定。输入快捷命令"L"，或者单击"直线"按钮，对其相应墙体进行延长（图 6-2-3）。

　　④ 将绘制的图形选中，单击"修剪"按钮，或者输入快捷命令"TR"，连续按"空格"键两次，进行修

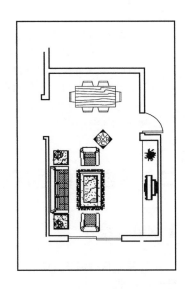

图 6-2-2　包围客厅

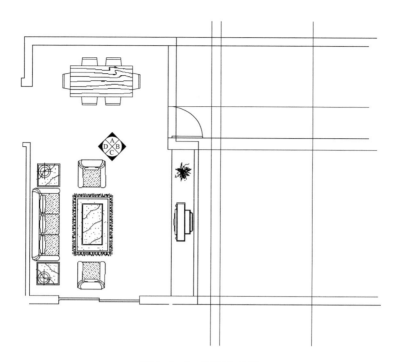

图 6-2-3　复制右边线

剪。选中"B立面墙"，输入快捷命令"M"，将其向右边的空地移动，单击"旋转"按钮，或者输入快捷命令"RO"，逆时针旋转 90°，将局部平面图也按照上述步骤进行旋转，并将其移动到"B立面墙"的上方与之对齐。单击"图案填充"按钮，或者输入快捷命令"H"，对两侧墙体填充"混凝土"，比例设置为"2"，将填充放置在"所有填充"图层里。为了使图看起来更美观工整，单击"矩形"按钮，绘制一个辅助边框，选中绘制的图形。将框两边多余的直线进行修剪，修剪完按"Delete"键将辅助框删除（图6-2-4）。

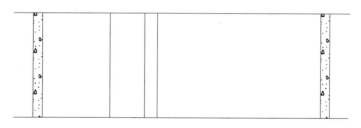

图 6-2-4　修剪图形

⑤ 选中"B立面布置图"的下边线，单击"复制"按钮，或者输入快捷命令"CO"，向上复制，输入数据为"2400"（注意："2400"表示门洞高度），按"空格"键确认。选中绘制的图，单击"修剪"按钮，修剪出门洞。门洞绘制好后需将图层调至"门窗"图层，一般绘制立面图时的比例为 1∶50，在制图规范中图名的文字高度为 5，出图的比例数字高度为 3，所以对于比例为 1∶50 的立面图，"B立面布置图"高度需设置为 250，"1∶50"高度需设置为 150（图 6-2-5）。

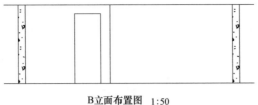

B立面布置图 1:50

图 6-2-5　立面图分布

三、绘制室内客厅 B 立面布置图

B 立面布置图里有入户门、餐厅的另一面墙和电视背景墙。

1 绘制 B 立面吊顶

① 输入快捷命令"LA"，打开"图层特性管理器"，新建名为"立面造型线及界面线"的新图层，颜色为"青"，线型为"Continuous"，线宽为"0.2 毫米"。选中上边线，单击"复制"按钮，或者输入快捷命令"CO"，向下复制，输入数据为"150"（注意：楼板到二级吊顶之间的距离为 120~150mm），按"空格"键确认。选中复制后的直线，单击"复制"按钮，或者输入快捷命令"CO"，向上进行连续复制，输入数据为"10""50"，按"空格"键确认。选中绘制好的龙骨，单击"复制"按钮，或者输入快捷命令"CO"，复制到靠近墙的位置。以电视背景墙的左侧为参照线，选中电视背景墙的左侧线，单击"偏移"按钮，输入数据为"800"（注意：从电视背景墙左侧到二级吊顶左侧外边线之间的距离为 800mm），按"空格"键确认，将电视背景墙右侧线也向中间进行偏移，距离为 800，按"Esc"键退出。单击"偏移"按钮，输入数据为"120"（注意：一级吊顶比二级吊顶多出的距离为 120mm），按"空格"键确认，将偏移的线各向外进行偏移，偏移完按"Esc"键退出，完成辅助线的绘制（图 6-3-1）。

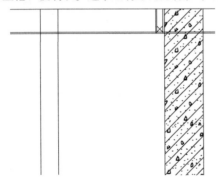

图 6-3-1　绘制辅助线

② 选中龙骨，单击"复制"按钮，或者输入快捷命令"CO"，复制到靠近墙的位置。选中向上偏移"50"的直线，单击"偏移"按钮，向上偏移到交叉直线的上方，按"空格"键确认，选中偏移后的直线，单击"偏移"按钮，向上偏移，输入数据为"30"，按"空格"键确认（图 6-3-2）。

③ 选中图的上方，也就是绘制的吊顶部位，单击"修剪"按钮，对电视背景墙吊顶进行修剪，修剪时，要先选中居中的两个龙骨，单击"分解"按钮，进行分解（注意：不分解就不能对其进行修剪），修剪完后删除绘制的辅助线，完成电视背景墙吊顶的绘制（图 6-3-3）。

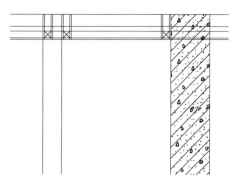

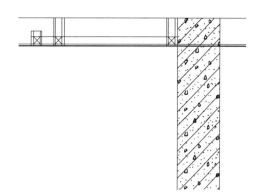

图 6-3-2　放置龙骨　　　　　　　图 6-3-3　修剪吊顶

注意

　　在绘制吊顶时，可以返回到顶面图中进行数据查询，辅助绘制，防止出错，同时更清楚地了解构造，进行绘制。

　　④ 选中左墙体的内墙体线，单击"偏移"按钮，或者输入快捷命令"O"，向右偏移，输入数据为"400"（注意：从餐厅左侧到二级吊顶左侧外边线之间的距离为400mm），按"空格"键确认。选中复制后的线，单击"偏移"按钮，或者输入快捷键"O"，向右偏移，输入数据为"960"（注意：二级吊顶两侧间的总长度为960mm），按"空格"键确认。单击"偏移"按钮，或者输入快捷命令"O"，输入数据为"120"（注意：一级吊顶比二级吊顶多出的距离为120mm），按"空格"键确认，将复制的两条线各向外进行偏移，完成辅助线的绘制。分别选中电视背景墙吊顶两侧的大小龙骨，单击"复制"按钮，复制到入户门吊顶靠近墙处。选中绘制的吊顶，单击"修剪"按钮，进行修剪，修剪完后删除绘制的辅助线，完成吊顶的绘制。进行调整，完成顶端吊顶的绘制（图6-3-4）。

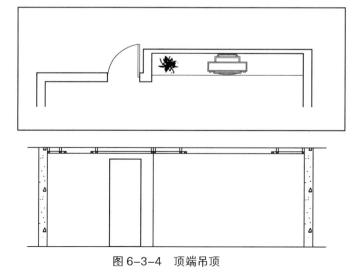

图 6-3-4　顶端吊顶

扫码观看
绘制 B 立面
吊顶视频

2 绘制鞋柜

① 选中左侧墙体的内墙体线，单击"复制"按钮，或者输入快捷命令"CO"，向右进行复制，输入数据为"760"，按"空格"键确认。选中复制的线及与其相交的吊顶线，单击"修剪"按钮，或者输入快捷命令"TR"，进行修剪。选中下边线，单击"复制"按钮，或者输入快捷命令"CO"，向上复制，输入数据为"175"，按"空格"键确认，选中复制的直线及与其相交的直线，单击"修剪"按钮，或者输入快捷命令"TR"，进行修剪。

② 选中修剪后的直线，单击"复制"按钮，或者输入快捷命令"CO"，向上复制，输入数据为"700"，按"空格"键确认。单击"偏移"按钮，或者输入快捷命令"O"，输入偏移数值为"25"，按"空格"键确认。将修剪线两边的直线向内进行偏移，将修剪线分别向上、下进行偏移，将复制线向下进行偏移，按"Esc"键退出偏移。单击"偏移"按钮，或者连续按两次"空格"键可继续使用"偏移"命令，输入偏移数据为"55"，将两侧偏移后的竖直线向内进行偏移。完成上面是胡桃木饰面的绘制（如图 6-3-5 所示）。

③ 橱柜的总长为 950，选中绘制橱柜的最左边直线，单击"复制"按钮，或者输入快捷命令"CO"，向右进行复制，输入数值为"475"，绘制一条中线，单击"偏移"按钮，或者输入快捷命令"O"，输入偏移数值为"25"，按"空格"键确认，将中线向两边进行偏移，按"Esc"键退出偏移。选中绘制的橱柜图，单击"修剪"按钮，或者输入快捷命令"TR"，连续按"空格"键两次进行修剪，完成橱柜的绘制，橱柜图层应设置为"家具"图层。

④ 选中图的下边线，单击"复制"按钮，或者输入快捷命令"CO"，向上复制，输入数值为"50"，按"空格"键确认，完成踢脚线的绘制，踢脚线图层应设置为"立面造型线"图层。选中踢脚线及橱柜腿的竖直线，单击"修剪"按钮，或者输入快捷命令"TR"，连续敲击"空格"键，将与橱柜腿重合的线修剪掉，表示橱柜在墙的前面。为了表明橱柜下面是镂空的，单击"直线"按钮，或者输入快捷命令"L"，绘制镂空符号，镂空符号图层应设置为"所有填充"图层（图 6-3-6）。

扫码观看
绘制鞋柜视频

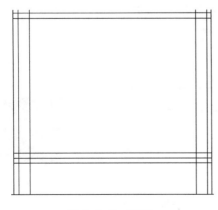

图 6-3-5　饰面

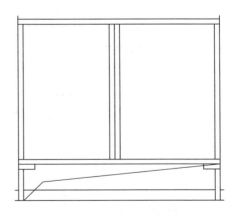

图 6-3-6　镂空符号图层

3 墙纸饰面填充

扫码观看
墙纸饰面
填充视频

① 单击"图案填充"按钮，或者输入快捷命令"H"，打开"图案填充和渐变色"管理框，在"填充图案选项板"中选择墙纸图案样例"LINE"（图6-3-7），单击"确定"按钮，在"图案填充和渐变色"管理框中，将比例设置为"10"。

② 单击"拾取点"按钮，在图中选择填充的位置，按"空格"键确认，单击"图案填充和渐变色"管理框中的"确定"按钮完成填充（图6-3-8）。

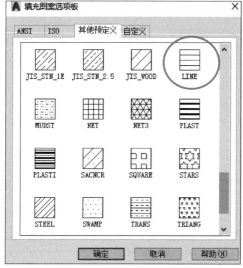

图6-3-7　图案样例"LINE"

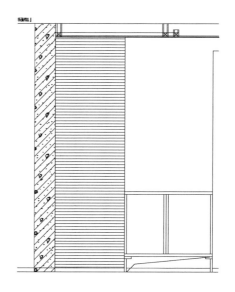

图6-3-8　图案填充

4 绘制立面门

① 选中入户门的上边线，单击"复制"按钮，或者输入快捷命令"CO"，向下复制一条辅助线，输入数值为"1200"，按"空格"键确认；单击"直线"按钮，或者输入快捷命令"L"，也可以用快捷命令"PL"，绘制镂空线，表示门洞为镂空。镂空线图层应设置为"所有填充"图层，镂空线为细实线时，表示的是外开门，镂空线为虚线时，表示的是内开门。

② 两条线汇交在一起的尖角处表示的是门合页（铰链）安装的位置。选中踢脚线和入户门，单击"修剪"按钮，或者输入快捷命令"TR"，连续按"空格"键两次，进行修剪，修剪完删除辅助线，完成入户门的绘制（图6-3-9）。

 说明

在电视背景墙处布置一个银灰色铝塑板的饰台面，作为放置古董、瓷器等观赏品的展览柜。

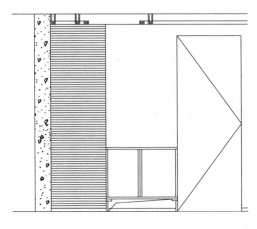

扫码观看
绘制立面门
视频

图 6-3-9　入户门的绘制

5 绘制展览柜

　　① 选中电视背景墙的左墙线为参照线，单击"复制"按钮，或者输入快捷命令"CO"，向右复制，输入数据为"500"，按"空格"键确认。

　　② 选择"B 立面布置图"的下边线，单击"复制"按钮，或者输入快捷命令"CO"，向上复制，输入数据为"800"，按"空格"键确认。

　　③ 选中绘制的图，单击"修剪"按钮，或者输入快捷命令"TR"，连续按"空格"键两次，进行修剪，在立面图中由于柜子是贴墙放置的，踢脚线部分会有遮挡，遮挡部分也需进行修剪（图 6-3-10），展览柜的外轮廓线图层应设置为"家具"图层。

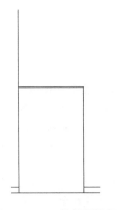

扫码观看
绘制展览柜
视频

图 6-3-10　修剪展览柜

说明

　　在展览柜的台面上放置一块玻璃，显得更加美观漂亮。玻璃厚度一般设置为 8mm。

6 绘制装饰玻璃

① 选中台面线，单击"复制"按钮，或者输入快捷命令"CO"，向下复制，输入数值为"8"，按"空格"键确认，完成玻璃的绘制；向上复制，输入数值为"1100"，按"空格"键确认，绘制一条带有暗藏日光灯带的喷砂玻璃群，使电视背景墙显得美观大方。玻璃的图层应设置为"所有填充"图层。

② 选中向上复制的直线，将其延伸至右墙体的内墙体线，单击"延伸"按钮，或者输入快捷命令"EX"，连续按"空格"键两次，单击所需延伸的直线，即可完成延伸。选中延伸后的直线，单击"复制"按钮，或者输入快捷命令"CO"，向上复制，输入数值为"400"，按"空格"键确认。单击"偏移"按钮，或者输入快捷命令"O"，输入偏移数值为"1430"，按"空格"键确认，将电视背景墙的左边线向右进行偏移，再将偏移后的直线向右偏移"1430"；选中绘制的图形，单击"修剪"按钮，或者输入快捷命令"TR"，连续按"空格"键两次，进行修剪，完成玻璃木板的绘制（图6-3-11）。

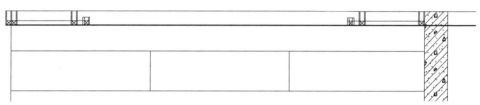

图 6-3-11　木板的绘制

③ 单击"圆"按钮，或者输入快捷键"C"，在玻璃木板中绘制镶入玻璃木板、半径为10mm的广告钉（说明：广告钉的作用是使玻璃板材与背景墙完美结合）。选中绘制的广告钉，移动至合适位置，单击"复制"按钮，或者输入快捷命令"CO"，将其复制到需要镶入的合适位置；同样，也可以先完成一块玻璃木板广告钉的镶入，选中绘制的广告钉，单击"复制"按钮，或者输入快捷命令"CO"，将其复制到其他玻璃木板的合适位置（图6-3-12）。玻璃木板轮廓线的图层应设置为"立面造型线及界面线"图层，广告钉的图层应设置为"所有填充"图层。

扫码观看
绘制装饰玻璃视频

图 6-3-12　广告钉的绘制

7 绘制电视背景墙材料造型

① 选中展示柜的右边线，单击"复制"按钮，或者输入快捷命令"CO"，向右复制，

输入数值为"530",按"空格"键确认,选中复制的线及玻璃木板的下边线,单击"延伸"按钮,或者输入快捷命令"EX",连续按"空格"键两次,进行延伸。

扫码观看
绘制电视背景墙
材料造型视频

② 选中延伸后的直线,单击"复制"按钮,或者输入快捷命令"CO",向右复制,输入数值为"415",按"空格"键确认;依次选中复制后的直线,向右进行复制,输入数值分别为"1370""200""415"(注意:在复制时可以按键"F3"打开正交,辅助复制)。

③ 电视背景墙的造型材料会与踢脚线有相互重合的位置,重合部位需进行修剪,单击"修剪"按钮,或者输入快捷命令"TR",连续按"空格"键两次,进行修剪,完成电视背景墙后面的材料造型,图层应设置为"立面造型线及界面线"图层(图6-3-13)。

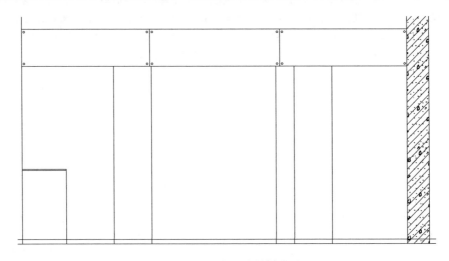

图6-3-13　背景墙材料造型

说明

电视背景墙用灰色的PPG乳胶漆材料,但在做之前要先在下面绘制一个放置电视的台面,用白色的PPG乳胶漆材料。

8 绘制电视柜

① 选中踢脚线,单击"复制"按钮,或者输入快捷命令"CO",向上复制,输入数值为"100",按"空格"键确认;依次选中复制后的直线,向上复制,输入数值为"40""110"。选中绘制的图形,单击"修剪"按钮,或者输入快捷命令"TR",连续按"空格"键两次进行修剪,修剪完单击"直线"按钮,或者输入快捷命令"L",绘制镂空符号。

② 选中输入数值为"110"、复制得到的直线,单击"复制"按钮,或者输入快捷命令"CO",向上复制,输入数值为"55",按"空格"键确认;选中复制后得到的直线,单击

"复制"按钮，或者输入快捷键：CO，向上复制，输入数值为"100"，按"空格"键确认。选中绘制后的图形，进行修剪，或者输入快捷键"TR"，连续按"空格"键两次，当绘制的线条比较多时，要及时修剪，以免造成视觉混淆。

将上面宽度值为100的结构为瓷白漆处理的装饰台面，下面宽度值为55的结构为蒙古黑花岗岩反红纹理处理的装饰台面。形成黑白灰的色彩搭配，给人美的视觉感受。

③ 选中修剪后的上边线，单击"复制"按钮，或者输入快捷命令"CO"，向上复制，输入数值为"150"，按"空格"键确认，选中绘制的图形，输入快捷命令"TR"，连续按"空格"键两次，进行修剪（图6-3-14）。

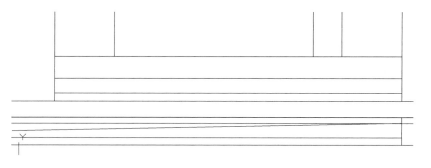

扫码观看
绘制电视柜
视频

图6-3-14　修剪图形

9 绘制装饰面板

① 选中修剪后的上边线，单击"复制"按钮，或者输入快捷命令"CO"，向上连续复制，依次输入数值为"400""800""1200"，按"空格"键确认。

② 选中绘制完的图形，单击"修剪"按钮，输入快捷命令"TR"，连续按"空格"键两次，进行修剪（图6-3-15）。

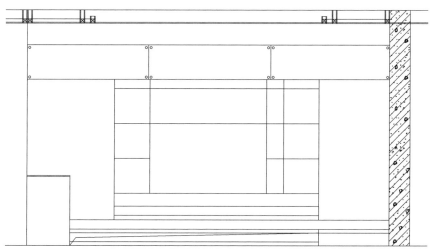

扫码观看
绘制装饰面板
视频

图6-3-15　装饰面板的绘制

10 家具及造型装饰面填充

① 单击"图案填充"按钮，或者输入快捷命令"H"，在"填充图案选项板"中选择填充图案样例"JIS_LC_20A"（图6-3-16）。

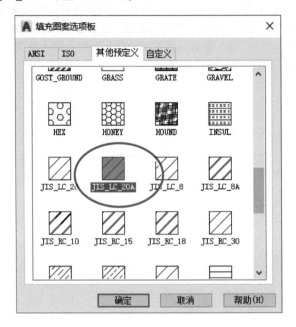

图6-3-16 图案样例"JIS_LC_20A"

② 将比例设置为"2"，单击"拾取点"按钮，在图中选择合适的位置，按"空格"键确认，单击"确定"按钮，完成图案填充（图6-3-17）。

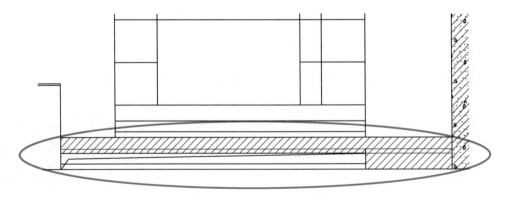

图6-3-17 图案填充

③ 单击"图案填充"按钮，或者输入快捷命令"H"，在"填充图案选项板"中选择填充图案样例"GOST_GLASS"（图6-3-18）。

图 6-3-18 图案样例"GOST_GLASS"

④ 比例设置为"2",单击"拾取点"按钮,在图中选择合适的位置,按"空格"键确认,单击"确定"按钮,完成图案填充(图 6-3-19)。

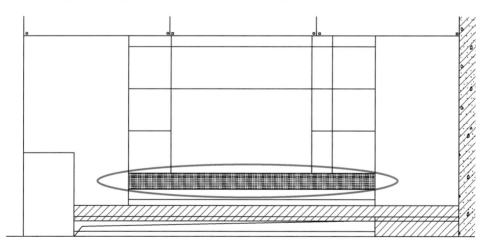

图 6-3-19 图案填充

⑤ 单击"图案填充",或者输入快捷命令"H",对入户门处的橱柜进行填充,在"填充图案选项板"中选择填充图案样例"JIS_STN_2.5"(图 6-3-20)。

⑥ 将比例设置为"20",单击"拾取点"按钮,在图中橱柜处选择合适位置,按"空格"键确认,单击"确定"按钮,完成图案填充(图 6-3-21)。

扫码观看
家具及造型装饰面
填充视频

图 6-3-20　图案样例 "JIS_STN_2.5"

⑦ 选中填充图案的下边线，单击"复制"按钮，或者输入快捷命令"CO"，向上复制合适高度（大约为中线）的一条直线作为辅助线，按"空格"键确认，单击"直线"按钮，或者输入快捷命令"L"，也可以使用"PL"多段线命令，绘制鞋柜门开启线，使橱柜更加美观，绘制完后删除复制线，鞋柜门为外开门，开启线则为细实线，填充的图案和鞋柜门开启线的图层都应设置为"所有填充"图层（图 6-3-22）。

图 6-3-21　图案填充完成

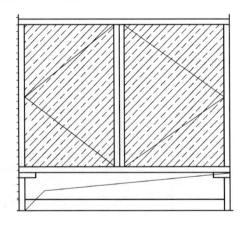

图 6-3-22　橱柜条纹

11 安放 B 立面室内装饰物

① 在提前做好的"B 饰物"中，将需要布置的饰物进行复制，输入快捷键"CO"，进行复制（图 6-3-23）。

图 6-3-23　立面图饰物模型

② 粘贴到图中合适位置，选中饰物进行调整，对重合部位进行修剪。输入快捷命令"TR"，连续按"空格"键两次，进行修剪（图 6-3-24）。

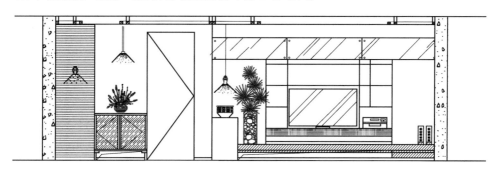

B立面布置图1:50

图 6-3-24　复制安放后的效果

四、B 立面材料注释与尺寸标注

① 在"B 饰物"中，复制已经做好的饰品墙体材料注释说明，粘贴到图中合适位置，输入快捷命令"LE"，使用"引出标注"命令，按"F8"键打开"正交"，点击一个点，再点击一个点，按"空格"键，完成引线的绘制。引线的端部可以用箭头，也可以用实心点，输入快捷命令"D"，打开"标注样式管理器"界面，在"样式"中找到之前设置的"尺寸标注"，点击"修改"按钮，在"修改标注样式：尺寸标注"界面中，找到"符号和箭头"下面的"引线"，点击下拉菜单，找到所需的箭头或实心点（图 6-4-1）。引线绘制好后，需在后面进行材料注释说明，输入快捷命令"T"，先点击一点，再点击另一点，输入所对应的文字（注意：一般绘制立面图时的比例为 1：50，在制图规范中标注的文字高度为 2.5，所以对于比例为 1：50 的立面图，引出线后材料注释说明的文字高度需设置为 125）。完成材料注释说明后将图层切换至"尺寸标注"图层，文字颜色设置为"黄"，引线颜色保留为"青"（图 6-4-2）。

扫码观看
安放 B 立面
室内装饰物
视频

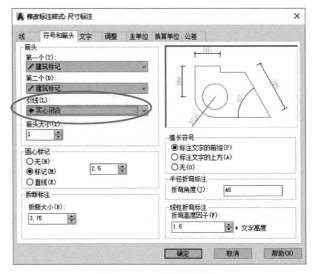

图 6-4-1　符号与箭头

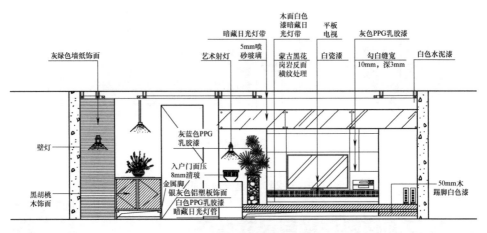

B立面布置图 1:50

图 6-4-2　安放图中的材料注释说明

② 输入快捷命令"D"，打开"标注样式管理器"界面，在"样式"中找到之前设置的"尺寸标注"，点击"替代"按钮（图 6-4-3），在"替代当前样式：尺寸标注"界面中，找到"调整"，在"标注特征比例"中"使用全局比例"设置为 50（注意：立面图的出图比例为 1：50，所以全局比例设置为 50）（图 6-4-4）。

③ 单击菜单栏中的"标注"按钮。在下滑栏中选择"线性"，在图中进行标注（单击鼠标右键，选择"重复线性"，可重复标注），或者输入快捷命令"DLI"，进行线性标注，输入快命令"DCO"，可进行连续标注（注意：只有使用线性标注后，才能使用连续标注和基线标注）。标注完成，为了打印时不出现重合，可将标注线移到墙外（图 6-4-5）。

④ 完成"B 立面布置图"的绘制。

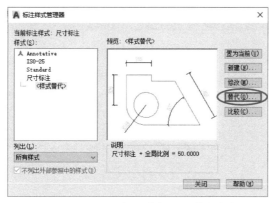

图6-4-3　执行标注式管理器替代命令

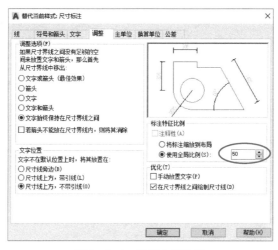

图6-4-4　使用全局比例

扫码观看
立面材料注释与
尺寸标注视频

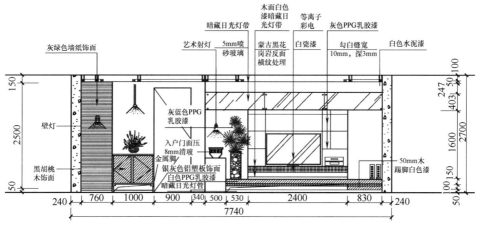

B立面布置图 1:50

图6-4-5　B立面布置图

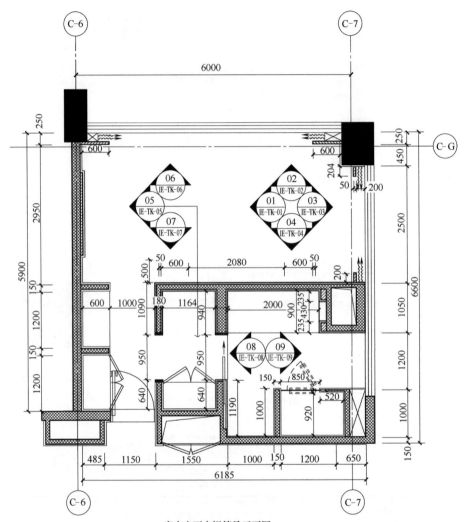

室内立面内视符号平面图 1:100

宾馆室内立面内视符号绘制分析

第一步：使用矩形、线、圆、填充工具，以及旋转、复制命令绘制内视符号。

第二步：使用单行文字制作编号文字。

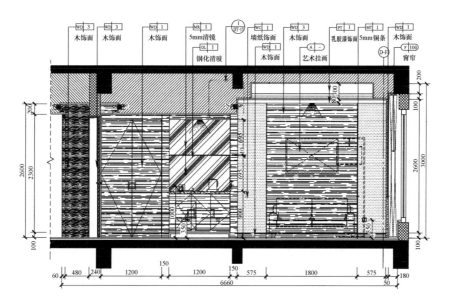

宾馆室内01立面图 1:25

宾馆室内 01 立面布置图绘制分析

第一步：绘制 01 立面墙体结构。

第二步：绘制吊顶结构、窗体结构。

第三步：填充吊顶、墙面、玻璃、墙体。

第四步：安放立面灯饰等家具、卫具。

第五步：标注材料文字、尺寸标注。

第六步：图名与详图符号、比例标注。

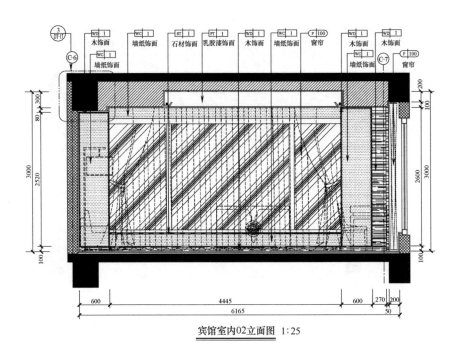

宾馆室内02立面图 1:25

宾馆室内 02 立面布置图绘制分析

第一步：绘制 02 立面墙体结构。

第二步：绘制吊顶结构、窗体结构。

第三步：填充吊顶、墙面、玻璃、墙体。

第四步：安放立面灯饰、窗帘等家具。

第五步：标注材料文字、尺寸标注、标高。

第六步：图名与详图符号、比例标注。

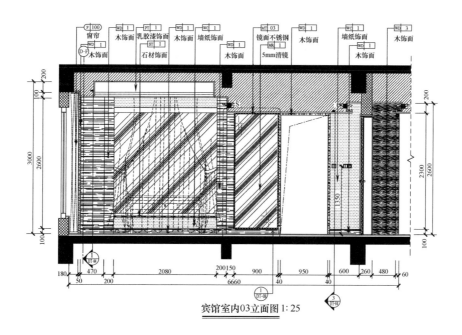

宾馆室内03立面图 1:25

宾馆室内 03 立面布置图绘制分析

第一步：绘制 03 立面墙体结构。

第二步：绘制吊顶结构、窗体结构。

第三步：填充吊顶、墙面、玻璃、墙体。

第四步：安放窗帘等软装饰物。

第五步：标注材料文字、尺寸标注、标高。

第六步：图名与详图符号、比例标注。

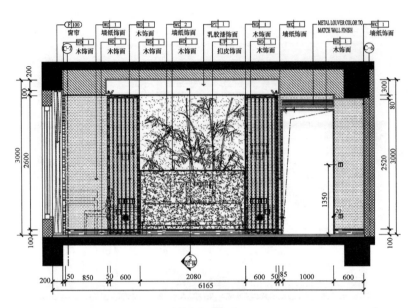

宾馆室内04立面图1:25

宾馆室内04立面布置图绘制分析

第一步：绘制04立面墙体结构。

第二步：绘制吊顶结构、窗体结构。

第三步：填充吊顶、墙面、玻璃、墙体。

第四步：安放床头背景墙、家具等装饰物。

第五步：标注材料文字、尺寸标注、标高。

第六步：图名与详图符号、比例标注。

绘制客厅电视背景墙剖面图

第七章

● 任务目标

通过对本项目的学习，掌握以下技能与方法：

☐ 能够正确绘制剖切符号、索引符号；

☐ 能够正确绘制木方、七厘板、饰面板、喷砂玻璃、玻璃广告钉、灯管、乳胶漆板材、踢脚线、花岗岩石材、电视剖面；

☐ 能够按照制图标准，正确绘制图名、材料注释，以及进行尺寸标注；

☐ 能够运用制图标准的相关规范，按照标准的绘制流程，完整绘制客厅立面电视背景墙的剖面图。

● 任务内容

在正确掌握建筑制图与识图的基础上，运用 AutoCAD 软件，正确绘制客厅电视背景墙剖立面图，绘制效果如图 7-0-1 所示。

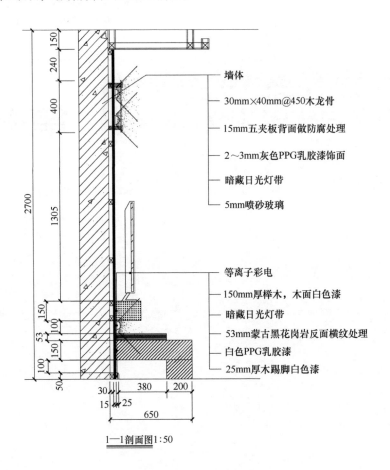

图 7-0-1 客厅电视背景墙剖面图

● 实施条件

1. 台式计算机或笔记本电脑。

2. AutoCAD 正版软件。

为了提供施工依据，在客厅"B 立面布置图"中为电视背景墙进行剖切。

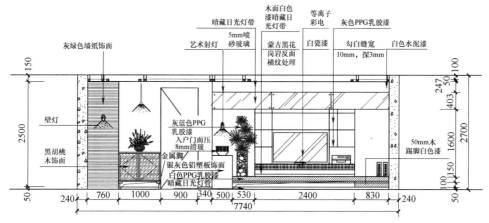

B立面布置图 1:50

一、绘制剖切符号

① 单击"直线"按钮，或者输入快捷命令"PL"，运用"多段线"在图中绘制剖切符号。输入快捷命令"MA"，运用"特性匹配"，点击绘制好的剖切符号，使其匹配到源对象的性质变成"粗实线"，选中"图名"下方的"粗直线"，完成剖切符号的绘制。在剖切符号中，竖直方向的线为剖切位置线，水平方向的线为剖切方向线。输入快捷命令"T"，运用"多行文字"，在剖切符号旁边点击，输入"1"，点击"确定"按钮（图 7-1-1）。

图 7-1-1　复制数字

② 选中输入后的数字，用鼠标"双击"进行修改，选中数字，将"文字高度"设置为"150"，颜色设置为"黄"，按"回车"键查看效果，单击"确定"按钮退出"文字格式"管理框（图 7-1-2）。

图 7-1-2　设置文字

③ 选中编号数字，移动到剖切符号旁的合适位置。选中绘制的剖切符号和数字编号，单击"镜像"按钮，或者输入快捷命令"MI"进行镜像，按"空格"键确认（图 7-1-3）。

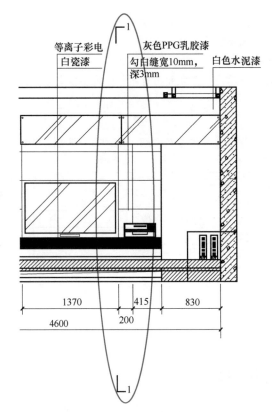

扫码观看
绘制剖切符号
视频

图 7-1-3 完成剖切符号的绘制

二、绘制索引符号

吊顶在施工中是重要的位置，因为图中绘制的吊顶比较小，施工人员会看不清楚，所以要做一个大样图用于施工。

图 7-2-1 设置圆的线型

① 单击"圆"按钮，或者输入快捷命令"C"，在吊顶处绘制一个圆。选中绘制的圆，将线型设置为虚线（ACAD_ISO03W100）（图 7-2-1）。

② 索引符号由直径为 8~10mm 的圆和水平直径组成。索引符号分为两种：索引出的详图，若与被索引的详图在同一张图纸内，应在索引符号的上半圆中用数字标明该详图的编号，在下半圆中画一段水平细实线；索引出的详图，若与被索引的详图不在同一张图纸内，应在索引符号的上半圆中用数字标明该详图的编号，在下半圆中用数字注明该详图所在的图纸编号，单击"多段线"按钮，或者输入快捷命令"PL"，绘制引出线，单击"圆"按钮，或者输入快捷命令"C"，点击引出线的端部，绘制索引符号的圆，半径为"200"。

在 1 : 50 的图中，圆的半径需扩大 50 倍，为 200。

③ 输入快捷命令 "EX"，对水平直径进行延伸，选中剖切符号的数字，单击 "复制" 按钮，或者输入快捷命令 "CO" 复制到索引符号上半圆，双击修改为 "2"，点击 "确定"，表明详图的编号；在下半圆上画一段水平细实线，表明索引出的详图和被索引的详图在同一张图纸上，选定圆圈，将颜色设置为 "白"（图 7-2-2）。

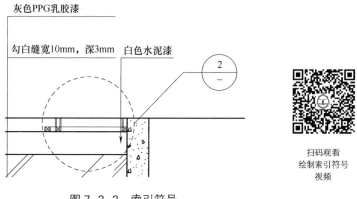

扫码观看
绘制索引符号
视频

图 7-2-2　索引符号

三、绘制剖面图

① 选择目前绘制的 "B 立面布置图"，单击 "复制" 按钮，或者输入快捷命令 "CO"，复制到下方，对其进行修改，绘制 1—1 剖面图。

② 选择右侧的尺寸标注，按 "Delete" 键，或者输入快捷命令 "E"进行删除，选中 "B 立面布置图" 的上下边线，向右进行延伸。选中右墙体，单击 "复制" 按钮，或者输入快捷命令 "CO" 向右进行复制。选中复制后墙体的右边线，单击 "复制" 按钮，或者输入快捷命令 "CO" 向右进行复制，输入数值为 "800"，按 "空格" 键确认（图 7-3-1）。

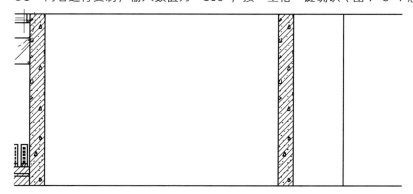

图 7-3-1　复制墙体线

③ 选中复制的直线，单击"延伸"按钮，或者输入快捷命令"EX"，将吊顶上的两条红色直线延伸至复制后的直线，选中绘制的龙骨，单击"复制"按钮进行复制，或者输入快捷命令"CO"，复制到延伸后吊顶的合适位置（图 7-3-2）。

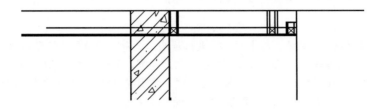

图 7-3-2　安放龙骨

④ 选中电视背景墙后的直线，进行延伸。单击菜单栏中的"工具"按钮，选择下划栏中"查询"中的"距离"，或者输入快捷命令"DI"，对图中的蒙古黑花岗岩的反面纹理板材直线进行距离查询，查询距离为"53"。接着对包括喷砂玻璃、电视上方的暗藏灯带、灰色 PPG 乳胶漆的绘制墙、白瓷漆的等离子台面边线、踢脚线等从上到下的全部横向直线进行延伸，延伸到适当位置即可（图 7-3-3）。

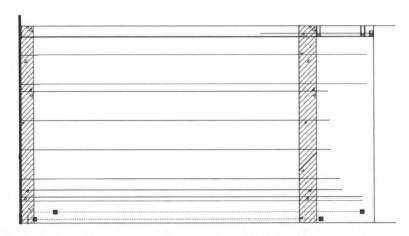

图 7-3-3　直线延伸

 说明

　　完成背景墙的直线延伸，电视背景墙采用灰色 PPG 乳胶漆，同时需要安装七厘板。由厚到薄对直线进行绘制，利用选中的直线，对电视的柜体进行绘制。

　　在绘制时，可以回到原平面图进行参照，防止出错以及不清楚绘制尺寸。例如对于绘制的电视柜宽度和高度的尺寸，就可以回到之前绘制好的"室内家居平面布置图"进行尺寸参考。绘制剖面图时不仅要与立面图结合，也要与平面图结合，更准确地确定尺寸数据，完成绘制。只有平、立、剖图形完全对得起来，才能说明绘制的准确性，相互比对，可以发现绘制中的错误，从而及时进行改正。

⑤ 选择墙体的右边线，单击"复制"按钮，或者输入快捷命令"CO"向右进行复制，输入数值为"600"，按"空格"键确认，依次选中复制后的直线，单击"偏移"按钮，或者输入快捷命令"O"向左进行偏移，输入数值为"200"，再将偏移后的直线向左偏移"200"，按"空格"键确认。观察绘制的图，将不够长的直线进行延伸，将超出的直线进行修剪。选中绘制的图形，单击"修剪"按钮，或者输入快捷命令"TR"，进行修剪，修剪出柜底的形状（图7-3-4）。

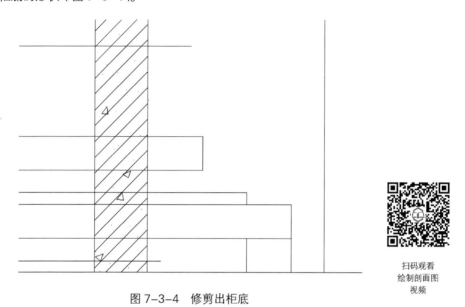

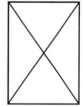

扫码观看
绘制剖面图
视频

图 7-3-4 修剪出柜底

四、绘制龙骨通长木方剖面

① 在墙体的右边线处要放置一个十四厘板，若直接将板材钉在墙上应该会钉不住，所以可以采用有龙骨的一种墙面饰面结构。龙骨采用"30×40"的见方，单击"矩形"按钮，或者输入快捷命令"REC"，输入数值"30，40"，按"空格"键确认，完成矩形龙骨木方的绘制。在绘制的龙骨木方内，运用"直线"命令，绘制对角线（图7-4-1）。

② 选中绘制的剖面龙骨木方，单击键盘"B"+"空格"键按钮，将其创建为块，在"块定义"管理框中，名称设置为"木方"，单击"确定"按钮（图7-4-2）。

③ 按照从下往上的顺序，对创建为块的龙骨进行安置，单击"复制"按钮，或者输入快捷命令"CO"，复制并粘贴到合适位置（注意：每隔450mm安放一个横向的龙骨为合适位置）。选中绘制的龙骨木方，单击"复制"按钮，或者输入快捷命令"CO"，向上连续进行复制，依次输入数值为"450""900""1350""1800""2250"（说明：因为放置龙骨的合适间隔距离为450，而连续复制时需要距离的叠加，所以数值依次递增）。当然，也可以依次选中复制后的龙骨进行向上

图 7-4-1 剖面龙骨木方

图 7-4-2　创建为块：木方

复制，最后一个龙骨到吊顶处会有一段距离（距离小于450，不足放置龙骨的合适间隔）。选中最后一个龙骨，单击"复制"按钮，或者输入快捷命令"CO"，向上进行复制，复制到靠近墙的吊顶处（图7-4-3）。

④ 选中右墙体线，单击"复制"按钮，或者输入快捷命令"CO"，向右进行复制，输入数值为"30"，按"空格"键确认，放置一个经防腐处理的大约为七厘的板，在图中选中复制的直线，单击"复制"按钮，或者输入快捷命令"CO"，向右进行复制，输入数值为"15"，按"空格"键确认。选中绘制图形的下方，单击"修剪"按钮，或者输入快捷命令"TR"，进行修剪（图 7-4-4）。

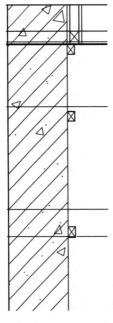

图 7-4-3　复制龙骨木方

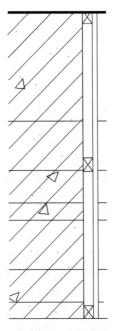

图 7-4-4　修剪图形

⑤ 选中绘制的龙骨木方，单击"复制"按钮，或者输入快捷命令"CO"，向上进行复制，将电视台面与墙体进行固定（图7-4-5）。

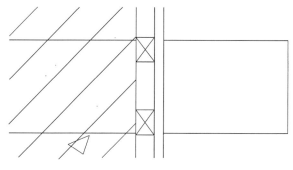

扫码观看
绘制龙骨通长木
方剖面视频

图7-4-5　复制龙骨

五、绘制七厘板、饰面板剖面

① 选中最后复制的直线，单击"偏移"按钮，或者输入快捷命令"O"，向左进行偏移，依次选中偏移后的直线向左进行偏移，输入数值为"3"，完成七厘板的绘制。

② 选中偏移直线处最右侧的直线，单击"复制"按钮，或者输入快捷命令"CO"，向右进行复制，输入数值为"2"，按"空格"键确认，完成饰面板材的绘制，选中复制的直线，将颜色设置为"洋红"（图7-5-1）。

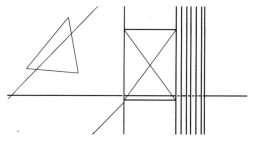

扫码观看
绘制七厘板、
饰面板剖面
视频

图7-5-1　饰面板材

六、绘制喷砂玻璃、玻璃广告钉剖面

① 选中洋红色的直线，单击"复制"按钮，或者输入快捷命令"CO"，向右进行复制，输入数值为"50"，按"空格"键确认，选中复制后的直线，向右进行复制，输入数值为"5"，按"空格"键确认，完成玻璃材质的绘制。选中绘制的玻璃材质，单击"修剪"按钮，或者输入快捷命令"TR"，进行修剪，完成喷砂玻璃的绘制（图7-6-1）。

② 在喷砂玻璃处安置广告钉，固定喷砂玻璃到墙体上，单击"矩形"按钮，或者输入快捷命令"REC"，在喷砂玻璃处绘制广告钉。选中绘制的矩形广告钉，单击"移动"按钮，或者输入快捷命令"M"，移动到图形外侧，进行修剪调整（图7-6-2）。

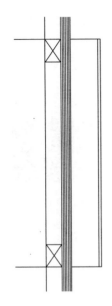

图 7-6-1　喷砂玻璃　　　　　　　　图 7-6-2　修剪的广告钉

③ 单击"图案填充"按钮，或者输入快捷命令"H"，在"填充图案选项板"中选择斜线图案样例"JIS_LC_8"，单击"确定"按钮（图 7-6-3）。在"图案填充和渐变色"管理框中单击"拾取点"按钮，对广告钉进行图案填充，按"空格"键确认，单击"确定"按钮（图 7-6-4），将填充完成的图案图层设置为"所有填充"图层。

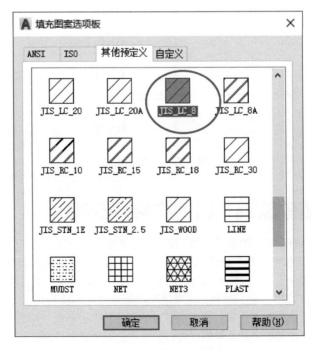

图 7-6-3　图案填充样例

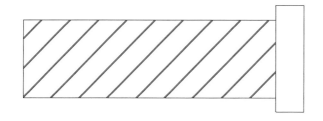

扫码观看
绘制喷砂玻璃、
玻璃广告钉剖面
视频

图 7-6-4 广告钉填充

④ 选中绘制的广告钉，输入快捷键"B"+"空格"键，打开"块定义"管理框，名称设置为"广告钉"，单击"确定"按钮（图 7-6-5）。选中创建为块的广告钉，单击"复制"按钮，或者输入快捷命令"CO"，复制到喷砂玻璃的合适位置，表明玻璃被镶嵌在墙体上，删除多余的广告钉（图 7-6-6）。

图 7-6-5 块定义面板

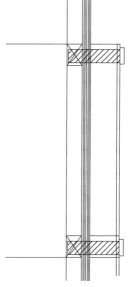

图 7-6-6 镶嵌的广告钉

七、绘制冷灯灯管剖面

说明

因为喷砂玻璃带有暗藏日光灯带，所以在板槽里安装冷灯管，需要在其中绘制冷灯灯管。

① 单击"矩形"按钮，或者输入快捷命令"REC"，绘制一个矩形，单击"圆"按钮，或者输入快捷命令"C"，绘制一个圆。选中绘制的图形，单击"修剪"按钮，或者输入快捷命令"TR"，进行修剪（图7-7-1），将冷光灯图层设置为"灯具"图层。

图 7-7-1　冷光灯

② 选中绘制的冷光灯，输入快捷键"B"+"空格"键，将其创建为块，在"块定义"管理框中，将名称设置为"灯管"，单击"确定"按钮退出管理框（图7-7-2）。

图 7-7-2　创建为块：灯管

③ 选中创建为块的冷光灯，单击"复制"按钮，或者输入快捷命令"CO"，复制到喷砂玻璃隔板中的合适位置及放置在电视台面下方，同时为了表明有灯光散射，选中吊灯散射光，单击"复制"按钮，或者输入快捷命令"CO"，复制到冷光灯处，选中复制的吊灯散射光，单击"旋转"按钮进行旋转，或者输入快捷命令"RO"，选中旋转后的散射光，单击"复制"按钮，或者输入快捷命令"CO"，复制到冷光灯的合适位置，输入快捷命令"E"，删除多余的散射光（图7-7-3）。

说明

　　之所以在电视台面下方安置冷光灯，是为了在打开电视时不会刺激人眼，而且与上方喷砂玻璃处的暗藏日光灯带相呼应，更加美观。

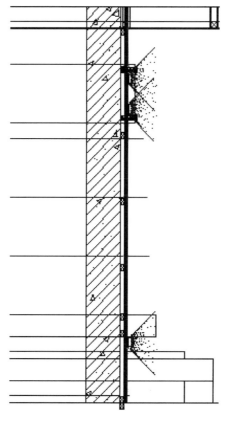

扫码观看
绘制冷灯灯管
剖面视频

图 7-7-3　安放冷光灯及散射光

八、绘制 PPG 乳胶漆板材饰面剖面

✏️ **说明**

　　接下来对灰色 PPG 乳胶漆的板材饰面进行处理，在"B 立面布置图"中，可以看到电视背景墙剖切面做了勾白缝宽 10mm、深 3mm 工艺的裁切处理。

　　① 单击"偏移"按钮，或者输入快捷命令"O"，输入数值为"5"，按"空格"键进行确认，将电视后的三条青色直线分别向上下各进行偏移（图 7-8-1）。
　　② 选中偏移后的图形，输入快捷命令"TR"进行修剪，修剪掉多出来的直线及进行勾缝处理，完成勾缝绘制（图 7-8-2）。

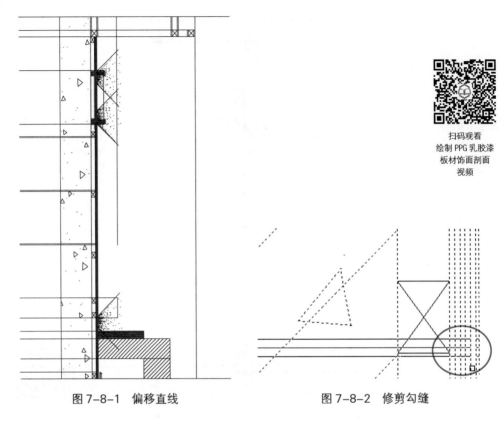

图 7-8-1　偏移直线　　　　　　　　　　图 7-8-2　修剪勾缝

九、绘制踢脚线剖面

在图形的下方有踢脚线，下面进行简单的绘制。

① 选中洋红色竖直线左边的黑色竖直线，单击"复制"按钮，或者输入快捷命令"CO"向右进行复制，输入数值为"25"，按"空格"键确认。单击"偏移"按钮，或者输入快捷命令"O"，输入数值为"3"，按"空格"键确认，将复制后的直线向左进行偏移，依次将偏移后的直线向左偏移，偏移三次，选中踢脚线进行延伸（图 7-9-1）。

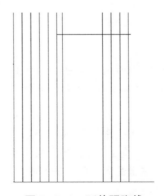

图 7-9-1　延伸踢脚线

② 单击"修剪"按钮，或者输入快捷命令"TR"，将踢脚线上方多余的线条进行修剪调整。单击"圆弧"按钮，或者输入快捷命令"ARC"，进行踢脚线上圆弧的绘制。选中绘制的圆弧图形，单击"修剪"按钮，或者输入快捷命令"TR"进行修剪调整，调整完后，输入快捷命令"E"，删除中间两条辅助线，完成踢脚线处的造型绘制（图7-9-2）。

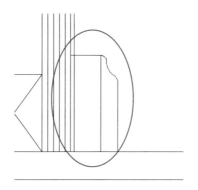

扫码观看
绘制踢脚线
剖面视频

图 7-9-2　踢脚线处的造型绘制

十、绘制花岗岩石材剖面

在下方冷光灯下的台面处，填充花岗岩石材图案。

① 单击"图案填充"按钮，或者输入快捷命令"H"，在"填充图案选项板"中选择花岗岩石材图案样例"PLAST"。在"图案填充和渐变色"管理框中单击"添加：拾取点"按钮，在图中选择需要填充的位置，按"空格"键进行确认，单击"确定"按钮，完成图案填充（图7-10-1），图案填充的图层应设置为"所有填充"图层。

图 7-10-1　图案样例"PLAST"

② 在填充花岗岩石材图案的下方需要填充斜线图案样例"JIS_RC_18",与上述填充方法一样,完成图案填充(图7-10-2和图7-10-3)。图案填充的图层也应设置为"所有填充"图层。

图7-10-2 图案样例"JIS_RC_18"

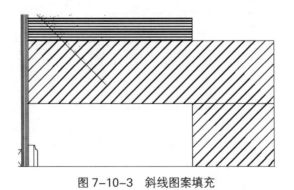

扫码观看
绘制花岗岩石材
剖面视频

图7-10-3 斜线图案填充

十一、电视柜剖面填充及绘制电视剖面

① 首先对电视柜剖面进行填充,单击"图案填充"按钮,或者输入快捷命令"H",在"填充图案选项板"中选择图案样例"GOST_GLASS"。在"图案填充和渐变色"管理框中

单击"拾取点"按钮，在图中选择需要填充的位置，按"空格"键进行确认，单击"确定"按钮，完成图案填充，图案填充的图层应设置为"所有填充"图层。

说明

> 下面需要对电视进行变换，因为绘制的是剖面图，所以需要电视的侧面。

② 选择电视，单击"复制"按钮，或者输入快捷命令"CO"，将其复制到剖面放置电视的合适位置。选中复制的电视，对其进行调整（图 7-11-1 和图 7-11-2）。

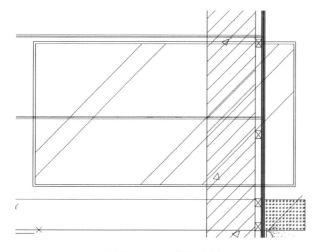

图 7-11-1　复制电视

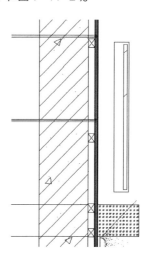

图 7-11-2　调整复制的电视

③ 选中中间的小矩形中填充的图案，双击打开"图案填充"管理框，将比例由"700"修改为"7"，按"回车"键查看效果，关闭管理框（图 7-11-3）。

图案填充	
颜色	■ ByLayer
图层	8
类型	预定义
图案名	AR-RROOF
注释性	否
角度	45
比例	7
关联	是
背景色	☑ 无

图 7-11-3　在图案填充管理框中修改比例

④ 在电视上方位置，单击"直线"按钮，或者输入快捷命令"L"，绘制一条斜线，选中绘制的图形，进行修剪，因为一般电视后方上部都有一个斜角，用于散热（图 7-11-4）。

⑤ 在电视的下方需要绘制一个放置电视的支架，单击"矩形"按钮，或者输入快捷命令"REC"，在电视下方绘制一个小矩形，对其进行拉伸，调整为梯形支架，选中梯形支架，单击"复制"按钮，或者输入快捷命令"CO"进行复制。选中绘制的梯形支架，单击"修剪"按钮，或者输入快捷命令"TR"对其进行修剪和拉伸调整，完成电视支架的绘制（图 7-11-5）。

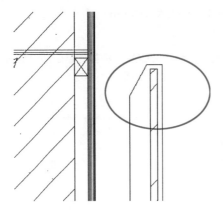
图 7-11-4　电视散热角

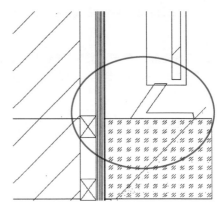
图 7-11-5　电视支架

⑥ 完成简单的电视立面绘制（图 7-11-6）。

说明

电线、插座等都放置在后面，变成隐性的，从而更加美观。

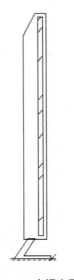

图 7-11-6　电视立面绘制

扫码观看
电视柜剖面填充
及绘制电视
剖面视频

十二、绘制剖面图图名

① 选中"B 立面布置图"的图名，单击"复制"按钮，或者输入快捷命令"CO"，将其复制到绘制的剖面图下方，双击文字进行修改，图名为"1—1 剖面图"，选中文字，将文字高度设置为"250"，按"回车"键查看效果，单击"确定"按钮，退出"文字格式"管理框（图 7-12-1）。

图 7-12-1　文字高度设置

② 双击比例"1：50"，在"文字格式"管理框中，将比例的文字高度设置为"150"，单击"确定"按钮退出管理框。对图名的位置进行调整，同时将两条下划线修改成合适长度，从而完成图名的绘制（图 7-12-2）。

图 7-12-2　图名绘制

扫码观看
绘制剖面图
图名视频

十三、剖面图材料注释

① 选中小黑点，复制到墙体处，单击"多段线"按钮，或者输入快捷命令"PL"进行绘制。单击"直线"按钮，或者输入快捷命令"L"，在多段线绘制的图形处绘制一条竖直直线，选中绘制的线段，进行调整（图 7-13-1）。

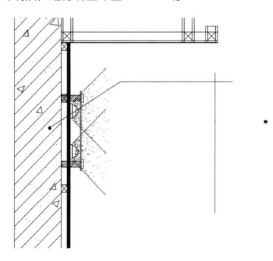

图 7-13-1　竖直线绘制调整

② 将事先做好的材料注释选中，单击"移动"按钮，或者输入快捷命令"M"，将其移动到合适位置（图7-13-2）。

墙体

30mm×40mm@450木龙骨

15mm五夹板背面做防腐处理

2～3mm灰色PPG乳胶漆饰面

暗藏日光灯带

5mm喷砂玻璃

图7-13-2　移动上方材料注释

 说明

> 在制图与识图中，应知道它们的对应关系，如果是纵向图，注释从上到下表示图从内到外的注释说明。

③ 将竖直的直线进行延伸和修剪，单击"直线"按钮，或者输入快捷命令"L"，在相应位置绘制一条短横线，选中绘制的短横线，单击"复制"按钮，或者输入快捷命令"CO"，复制到相应的注释说明处，同时修改注释"灰色PPG乳胶漆"为"2～3mm灰色PPG乳胶漆"（图7-13-3）。说明：在注释说明中，输入"～"时，会出现此符号不在正中间的情况，只需将输入法的中文全角打开后，按住"shift"和"～"即可。

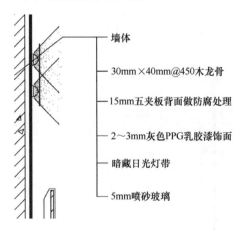

墙体

30mm×40mm@450木龙骨

15mm五夹板背面做防腐处理

2～3mm灰色PPG乳胶漆饰面

暗藏日光灯带

5mm喷砂玻璃

图7-13-3　上方材料注释说明

④ 对图的下方部位，将从上往下进行注释说明，选中事先做好的材料注释说明，单击"移动"命令，或者输入快捷命令"M"，将其移动到图的合适位置。单击"多段线"按钮，或者输入快捷命令"PL"，从下方踢脚线处绘制的图形部位进行多段线绘制，采用与上方

材料注释说明同样的方法绘制直线，标明注释说明。当然，可以选中上方绘制的竖直线和短横线，复制到下方进行调整，从而完成，选中小黑点，单击"复制"按钮，或者输入快捷命令"CO"，复制到每种注释说明的位置处（因为上方材料比较密集，所以只在墙体处放置一个小黑点，但下方材料分明，所以在每种材料处都放置一个小黑点，使注释说明更清晰明）。修剪和调整直线，完成剖面图材料注释说明（图7-13-4）。

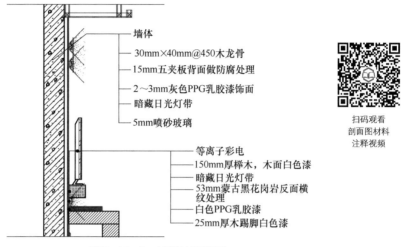

墙体
30mm×40mm@450木龙骨
15mm五夹板背面做防腐处理
2～3mm灰色PPG乳胶漆饰面
暗藏日光灯带
5mm喷砂玻璃

等离子彩电
150mm厚榉木，木面白色漆
暗藏日光灯带
53mm蒙古黑花岗岩反面横纹处理
白色PPG乳胶漆
25mm厚木踢脚白色漆

扫码观看
剖面图材料
注释视频

图 7-13-4 材料注释说明

十四、剖面图尺寸标注

① 单击菜单栏中"标注"按钮，在下滑栏中选择"标注样式"，或者输入快捷命令"D"，打开"标注样式管理框"，单击"替代"按钮。打开"替代当前样式：尺寸标注"管理框，在"文字"一栏中，将"文字高度"设置为"2.5"，"从尺寸线偏移"设置为"2"。在"符号与箭头"一栏中，将箭头大小设置为"1"。在"线"管理框中，将"超出尺寸线"设置为"2"，"起点偏移量"设置为"2"，"使用全局比例"设置为"50"（图7-14-1）。单击"确定"按钮，退出"替代当前样式：尺寸标注"管理框，单击"关闭"按钮，退出"标注样式管理框"。

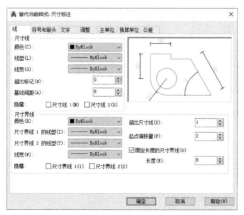

图 7-14-1

 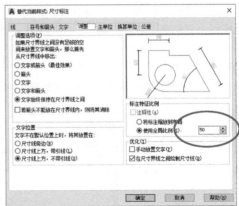

图 7-14-1 替代当前样式：尺寸标注

说明

> 设置数值的目的是使尺寸标注时看得更清楚。

② 单击"确定"按钮，退出"替代当前样式尺寸标注"管理框，单击"关闭"按钮，退出"标注样式管理框"。删除原标注尺寸，单击菜单栏中的"标注"按钮，选择下滑栏中的"线性"，或者输入快捷命令"DLI"，重新进行尺寸标注（图 7-14-2）。

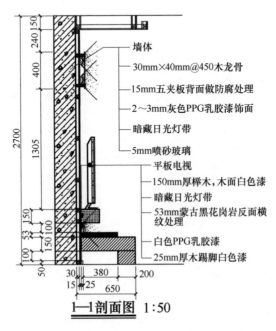

墙体
30mm×40mm@450木龙骨
15mm五夹板背面做防腐处理
2～3mm灰色PPG乳胶漆饰面
暗藏日光灯带
5mm喷砂玻璃
平板电视
150mm厚榉木，木面白色漆
暗藏日光灯带
53mm蒙古黑花岗岩反面横纹处理
白色PPG乳胶漆
25mm厚木踢脚白色漆

1—1剖面图 1:50

图 7-14-2 客厅 1—1 剖面图的绘制

136

说明

为了使绘制图更美观，可以对尺寸标注进行调整。

项目练习：绘制宾馆室内卫生间剖面图

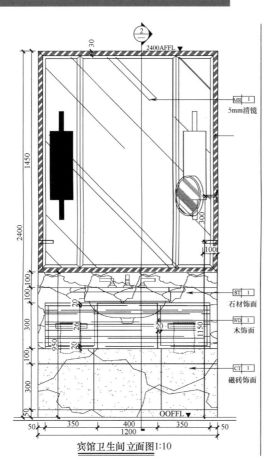

宾馆卫生间 立面图1:10

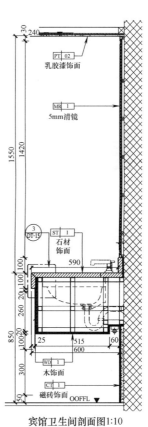

宾馆卫生间 剖面图1:10

制作分析

第一步：根据立面确定墙体剖面高度和墙面材料的厚度。

第二步：确定洗刷台（台面、龙头、下水管道木饰面结构）的高度和宽度。

第三步：标注材料文字、尺寸标注。

第四部：图名与详图符号、比例标注。

绘制客厅吊顶大样图

第八章

● 任务目标

通过对本项目的学习，掌握以下技能与方法：

□ 能够按照正确制图顺序与建筑制图标准绘制客厅吊顶大样图；

□ 能够按照标准剖切图例绘制钢筋混凝土、主龙骨、筒灯、钢钉剖切面；

□ 按照标准进行大样图的尺寸标注、注释标注，图名比例的绘制。

● 任务内容

在正确掌握建筑制图与识图的基础上，运用 AutoCAD 软件，正确绘制客厅吊顶大样图，绘制效果如图 8-0-1 所示。

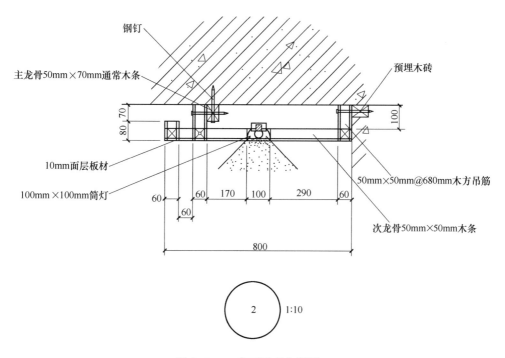

图 8-0-1　客厅吊顶大样图

● 实施条件

1. 台式计算机或笔记本电脑。

2. AutoCAD 正版软件。

一、绘制大样图

① 输入快捷命令"CO",复制一个带有索引符号2的"B立面布置图"到空白处,选中复制的"B立面布置图",输入快捷命令"XL",使用"构造线"命令,输入"H",会出现水平方向的构造线,将其放置在圆圈上下两端正对着圆心的象限点处,连续按"空格"键两次,输入"V",会出现竖直方向的构造线,将其放置在圆圈左右两端正对着圆心的象限点处,四条构造线可以将圆圈处的吊顶单独框出来。

② 单击"修剪"按钮,或者输入快捷命令"TR",进行修剪,只留下圆圈处的吊顶,输入快捷命令"E",将四条构造线进行删除。修剪时,选中墙体,单击"分解"按钮进行分解,或者输入快捷命令"X",方便修剪。选中圆圈中绘制的龙骨,单击"分解"按钮进行分解,选中圆圈里的吊顶,单击"修剪"按钮,或者输入快捷命令"TR"进行修剪(图8-1-1所示)。

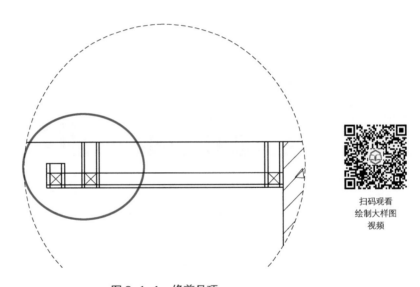

扫码观看
绘制大样图
视频

图 8-1-1 修剪吊顶

二、钢筋混凝土剖切面的填充

① 对吊顶上部圆的空间进行图案填充,单击"图案填充"按钮,或者输入快捷命令"H",在"填充图案选项板"管理框中选择图案样例"AR_CONC",单击"确定"按钮。在"图案填充和渐变色"管理框中将比例设置为"2",单击"拾取点"按钮,在图中选择图形,按"空格"键确认,单击"确定"按钮进行填充(图8-2-1)。

② 继续对此部位进行填充,填充绘制钢筋混凝土,单击"图案填充"按钮,或者输入快捷命令"H",在"填充图案选项板"管理框中选择图案样例"JIS_LC_20"(图8-2-2)。

③ 比例设置为"2",进行图案填充,完成钢筋混凝土材料的填充。选中圆圈,输入快捷命令"E"将其删除,只留下圆内的图形(图8-2-3)。

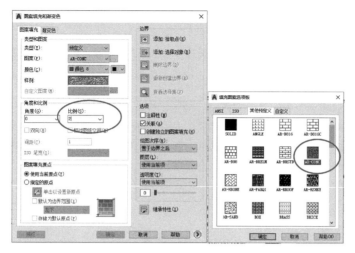

图 8-2-1　比例设置

图 8-2-2　图案样例"JIS-LC-20"

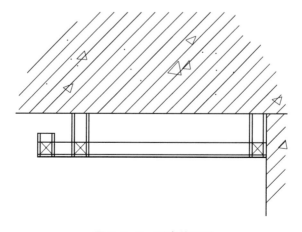

图 8-2-3　圆内的图形

扫码观看
钢筋混凝土
剖切面的填充
视频

三、绘制主龙骨剖切面

① 单击"矩形"按钮，或者输入快捷命令"REC"，绘制"50×70"的主龙骨（注意：在绘制矩形输入数值中输入"，"时，要在英文模式下，这样才会出现小锁，从而完成矩形绘制）。将主龙骨放置在吊顶与小龙骨处。

② 选中绘制的主龙骨，单击"复制"按钮，或者输入快捷命令"CO"，复制到旁边空白处，选中复制后的主龙骨，单击"旋转"按钮，或者输入快捷命令"RO"，进行旋转。选中旋转后的主龙骨，单击"复制"按钮，或者输入快捷命令"CO"，复制到右侧吊顶上方，修剪掉矩形主龙骨内的斜线，单击"直线"按钮，或者输入快捷命令"L"，分别在两个主龙骨内绘制对角线（图 8-3-1）。

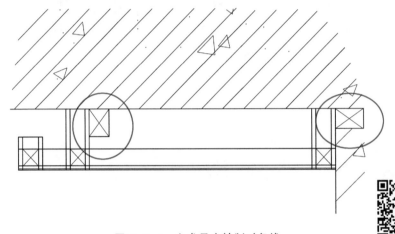

图 8-3-1　主龙骨内绘制对角线

扫码观看
绘制主龙骨
剖切面视频

✎ **说明**

通过主龙骨的铺设，安放木龙骨的吊筋，下面是次龙骨，通过吊筋和主龙骨相连，再下面就是一个面层，面层下面是一个饰面层。

四、绘制筒灯剖切面

通过观察平面图，可以看到吊顶的拐角位置处有一个筒灯，下面绘制吊顶拐角位置的筒灯。

① 选中右侧内墙作为参照线。单击"复制"按钮，或者输入快捷命令"CO"，向左进行连续复制，依次输入数值为"350""450"，按"空格"键确认。选中复制的直线，单击"修剪"按钮，或者输入快捷命令"TR"，进行修剪（图 8-4-1）。

② 在图中安放筒灯，单击"矩形"按钮，或者输入快捷命令"REC"，在短的竖直线处绘制一个小矩形，矩形大小自己进行调试。单击"圆弧"按钮，或者输入快捷命令"ARC"，

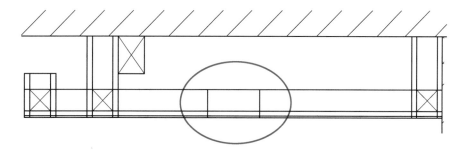

图 8-4-1　修剪直线

绘制一个圆弧，略微进行调整。选中绘制的圆弧，单击"镜像"按钮，或者输入快捷命令"MI"，将其进行镜像，并移动至合适位置（图8-4-2）。

③ 单击"圆"按钮，或者输入快捷命令"C"，在绘制的图形下方绘制一个大小合适的圆。选中绘制的圆，单击"移动"按钮，或者输入快捷命令"M"，将圆移动到上方合适位置，单击"矩形"按钮，或者输入快捷命令"REC"，绘制一个小矩形，与圆形灯泡相交的长度吻合。选中绘制的图形，单击"修剪"按

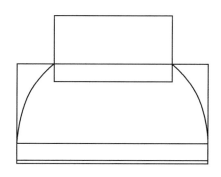

图 8-4-2　镜像圆弧

钮，或者输入快捷命令"TR"，对其进行修剪（图 8-4-3）。

④ 单击"图案填充"按钮，或者输入快捷命令"H"，在图中进行斜线图案填充，将比例设置为"0.25"。单击"拾取点"按钮，在图中选择合适图形，按"空格"键确认，单击"确定"按钮，完成图案填充（图 8-4-4）。

⑤ 在"B立面布置图"中选中散射光，单击"复制"按钮，或者输入快捷命令"CO"，复制到绘制的灯泡处。选中散射光，单击"缩放"按钮，或者输入快捷命令"SC"，选中一个基点，输入数值"0.8"，按"空格"键确认，进行缩放。选中缩放后的散射光，单击"移动"按钮，或者输入快捷命令"M"，将其移动至灯泡处的合适位置（图 8-4-5）。绘制完后将筒灯的图层设置为"灯具"图层。

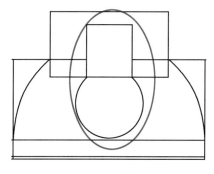

图 8-4-3　修剪图形

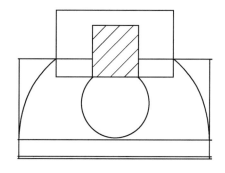

图 8-4-4　填充完成

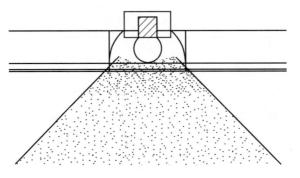

图 8-4-5　移动散射光

五、绘制钢钉剖切面

下面需要用几枚钢钉，将龙骨固定到墙体上。

① 单击"矩形"按钮，或者输入快捷命令"REC"，绘制一个矩形，输入快捷命令"L"，在矩形右侧宽边中点处绘制一条合适长度的直线，从宽边的上部到开始到合适长度直线的端部绘制一根直线，同理绘制宽边下部到合适长度直线的一根直线，绘制完成后删除之前绘制的合适长度的直线，形成一个等腰三角形。在矩形的左侧宽边处，输入快捷命令"L"，向左上方绘制一条短线，接着输入快捷命令"MI"，点击刚绘制好的短线，向左侧移动光标，镜像出左侧短边下部的短线，输入快捷命令"L"，连接上下两端的短线，形成一个梯形。单击"移动"按钮，或者输入快捷命令"M"，将其移动到合适位置。选中小矩形，对其进行调整，完成钉头的绘制（图 8-5-1）。将钢钉的图层设置为"所有填充"图层。

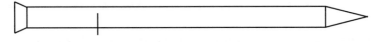

图 8-5-1　钢钉的绘制

② 右侧靠近边缘的木筋要与预埋的木方进行连接，左侧木筋与上面的主龙骨进行连接。选中绘制的钢钉，单击"复制"按钮，或者输入快捷命令"CO"，复制到左右侧合适位置，并复制一个到下方空白处（图 8-5-2）。

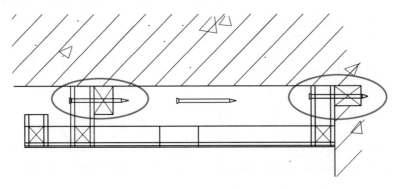

图 8-5-2　安放钢钉

③ 选中下方复制的钢钉，单击"旋转"按钮，或者输入快捷命令"RO"，将横向钢钉旋转成钉针向上的钢钉，选中旋转后的钢钉，单击"移动"按钮，或者输入快捷命令"M"，将其移动到上方主龙骨处（说明：看到图上的钉头打入木方内，因为用钉枪，是可以打入木方内的，将其与墙体进行固定。其他次龙骨也是利用钢钉将其与吊筋进行固定结合的）。由于绘制的是剖面图，所以左侧次龙骨上的钢钉也为剖面，绘制时用圆表示，单击"圆"按钮，或者输入快捷命令"C"，在左侧次龙骨交叉直线处绘制大小合适的小圆。选中绘制的圆，单击"移动"按钮，或者输入快捷命令"M"，将其移动至直线交叉处，选中绘制的图形。单击"修剪"按钮，或者输入快捷命令"TR"，将圆圈内的直线修剪掉，删除绘制的钢钉（图 8-5-3）。

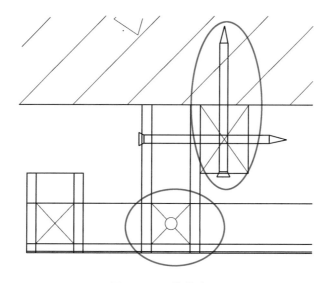

扫码观看
绘制钢钉
剖切面视频

图 8-5-3　修剪小圆

六、尺寸标注

① 单击菜单栏中的"标注"按钮，或者输入快捷命令"D"，选择下滑栏中的"标注样式"，打开"标注样式管理框"，单击"修改"按钮。打开"替代当前样式：尺寸标注"管理框，在"调整"一栏中，将全局比例设置为"10"，单击"确定"按钮。单击"关闭"按钮，在界面中单击菜单栏中的"标注"按钮，选择下滑栏中的"线性"，或者输入快捷命令"DLI"进行单个标注，接着输入快捷命令"DCO"，进行连续标注（图 8-6-1）。

 说明

后期会对绘制的图形进行放大，放大时，线性也会随之放大。

② 选中尺寸标注完的图形，输入快捷键"B"+"空格"键进行确认，打开"块定义"

管理框，将名称设置为"大样图 1"，单击"确定"按钮，将其组建为块。选中组成块的"大样图 1"，单击"缩放"按钮，或者输入快捷命令"SC"，输入比例因子为"5"。单击"空格"键按钮，即会扩大 5 倍（图 8-6-2）。

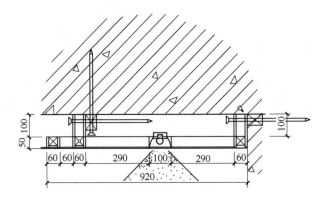

图 8-6-1　尺寸标注

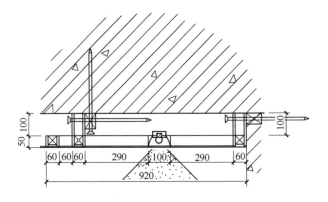

图 8-6-2　5 倍扩大

③ 单击菜单栏中的"视图"按钮，选择下滑栏中的"全部重生成"，或者输入快捷命令"RE"。这样绘制的图形会更圆润、更美观（图 8-6-3）。

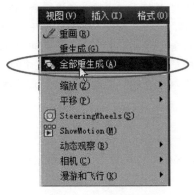

图 8-6-3　全部重生成

扫码观看
尺寸标注
视频

七、注释标注

① 在制图规范中注释标注的文字高度为"2.5"，由于详图的出图比例为 1∶10，因此需大 10 倍，文字高度则设置为"25"，颜色设置为"黄色"，选中绘制好的材料注释说明。发现与绘制图形相比有些小，所以单击"缩放"按钮，或者输入快捷命令"SC"，选定基点，输入比例因子为"5"。材料注释说明将会扩大 5 倍（图 8-7-1）。

钢钉

主龙骨50mm×70mm通常木条

10mm面层板材

100mm×100mm筒灯

预埋木砖

50mm×50mm@680mm木方吊筋

次龙骨50mm×50mm木条

图 8-7-1　扩大五倍的注释说明

② 选中扩大后的材料注释说明，单击"移动"按钮，或者输入快捷命令"M"，将其移至空白处，单击"多段线"按钮，或者输入快捷命令"PL"，在需要注释图形中绘制多段线，绘制完将材料注释移动到多段线处（图 8-7-2）。

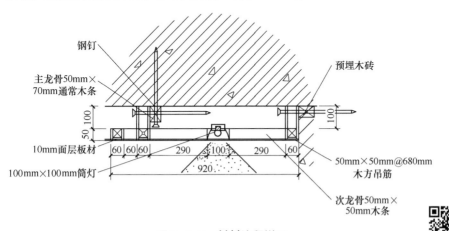

图 8-7-2　材料注释说明

八、绘制大样图图名

 说明

在绘制大样详图时，详图与被索引的图样在同一张图纸上时，应在详图符号内用数字注明详图的编号；详图与被索引的图样不在同一张图纸上时，应用细实线在详图符号内画一条水平直径，在上半圆中注明详图编号，在下半圆中注明被索引的图纸编号。在制图规范中详图符号的圆应以直径为 14mm、线宽为粗实线绘制。

① 单击"圆"按钮，或者输入快捷命令"C"，指定圆心，输入半径数值为"350"，按"空格"键确认，绘制一个半径为"350"的圆。选中绘制的圆，单击"移动"按钮，或者输入快捷命令"M"，将其移动至绘制图形正下方。复制"1—1 剖面图"图名中的比例到绘制图形圆的旁边，双击比例，进行修改，因为绘制的大样图与原图相比扩大了 10 倍，所以将比例修改为"1：10"，单击"确定"按钮。

② 选中修改后的比例，单击"复制"按钮，或者输入快捷命令"CO"，将其复制到圆中心，双击圆中心的比例，修改为数字"2"，将文字高度设置为"150"，单击"确定"按钮。选中数字"2"，将其移动至圆的中间（图 8-8-1 和图 8-8-2）。

图 8-8-1 数字设置

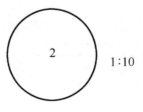

图 8-8-2 数字"2"

扫码观看
绘制大样图
图名视频

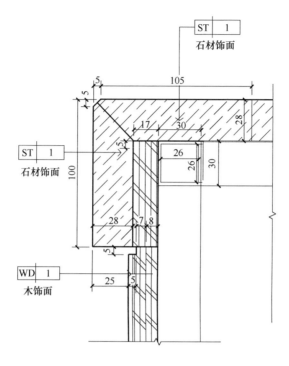

<u>宾馆洗漱台大样图</u> 1:2

制作分析

第一步：根据尺寸绘制洗漱台石材饰面与木饰面结构层。

第二步：标注材料文字、尺寸标注。

第三步：用缩放命令进行比例缩放。

第四步：图名与详图符号、比例标注。

绘制施工
节点图

第九章

● **任务目标**

通过对本项目的学习，掌握以下技能与方法：

□ 能够按照正确制图顺序与建筑制图标准绘制不同部位项目施工节点图；

□ 能够按照标准剖切图例绘制钢筋混凝土、龙骨、防水层、踢脚线、钢钉剖切面；

□ 按照标准进行大样图的尺寸标注、注释标注，以及图名比例的绘制。

● **任务内容**

在正确掌握建筑制图与识图的基础上，运用 AutoCAD 软件，正确绘制客厅电视背景墙施工节点图，绘制效果如图 9-0-1 所示。

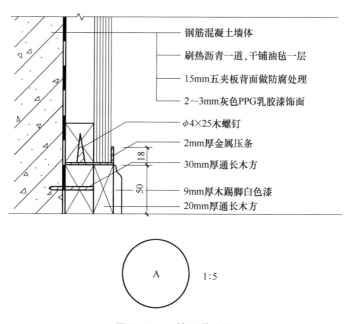

图 9-0-1　施工节点图

● **实施条件**

1. 台式计算机或笔记本电脑。

2. AutoCAD 正版软件。

一、绘制节点图索引符号

在"B 立面布置图"中，对各个位置进行项目点剖切。

① 首先对踢脚位置进行项目点剖切，单击"直线"按钮，或者输入快捷命令"L"，按

快捷键"F8"打开正交，绘制项目点索引符号，按"Esc"键退出。单击"圆"按钮，或者输入快捷命令"CO"，单击鼠标左键选定圆心，输入半径数值为"200"，按"空格"键确认，完成直径为400的圆的绘制。选中绘制的圆，单击"移动"按钮，或者输入快捷命令"M"，将其移动到索引符号的合适位置处（图9-1-1）。

② 选中剖切线的数字"1"，单击"复制"按钮，或者输入快捷命令"CO"，复制到绘制的圆的上部。用鼠标双击圆中的数字"1"，打开"文字格式"管理框，选中数字"1"，将文字高度设置为"150"，为避免与剖切线数字表示的混淆，将数字"1"修改为字母"A"，单击"确定"按钮，退出"文字格式"管理框（图9-1-2）。

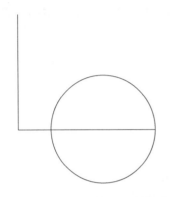

图 9-1-1　切点索引符号绘制

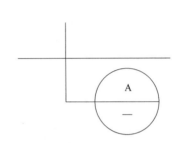

图 9-1-2　项目点剖切符号绘制

③ 单击"直线"按钮，或者输入快捷命令"L"，在绘制的项目点索引符号上部的右侧，绘制一条短直线，短直线需用粗实线表示，代表的是剖切的位置，线宽应设置为"0.5毫米"（图9-1-3）。

问题：在图中，索引符号处的圆被横线平分，分为分子和分母，那么分母部分是什么？

如果这个项目点图在第八张图纸上，那么分母部位要写数字"8"，如果这个项目点图在本张图纸上，单击"直线"按钮，或者输入快捷命令"L"，在分母处绘制一条短直线（图9-1-4）。

扫码观看
绘制节点图
索引符号视频

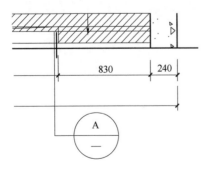

图 9-1-3　短直线的绘制

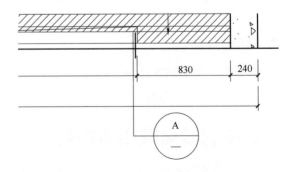

图 9-1-4　本张图纸上的索引符号

二、绘制 A 节点图墙体剖切层

根据踢脚的尺寸，参照"1—1剖面图"的尺寸，绘制"A"的项目点图。

① 单击"直线"按钮，或者输入快捷命令"L"，指定基点，输入数值为"200"，按"空格"键确认，按"ESC"键退出，绘制一条长为"200"的直线。选中绘制的直线，单击"复制"按钮，或者输入快捷命令"CO"，向上复制，输入数值为"200"，按"空格"键确认（图9-2-1）。

② 单击"直线"按钮，或者输入快捷命令"L"，在绘制的两条横向直线偏左的位置输入快捷命令"CO"，点击左侧绘制好的纵向辅助直线，向右点击复制，再绘制出一条纵向辅助直线（图 9-2-2）。辅助直线图层应设置为"墙体"图层。

图 9-2-1　复制直线

③ 单击"图案填充"按钮，或者输入快捷命令"H"，打开"图案填充和渐变色"管理框，在"图案填充选项板"中选择图案样例"JIS-LC-20"，单击"确定"按钮，关闭"填充图案选项板"，比例设置为"1"，单击"拾取点"按钮，在图中选择填充部位，按"空格"键确认，单击"确定"按钮，关闭"图案填充和渐变色"管理框。单击"图案填充"按钮，或者按"空格"键重复上一步操作，打开"图案填充和渐变色"管理框，在"图案填充选项板"中选择图案样例"AR-CONC"，单击"确定"按钮，关闭"填充图案选项板"。比例设置为"0.25"，单击"拾取点"按钮，在图中选择填充部位，按"空格"键确认，单击"确定"按钮，关闭"图案填充和渐变色"管理框，完成图案填充（图 9-2-3）。

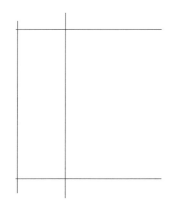

图 9-2-2　绘制纵向直线

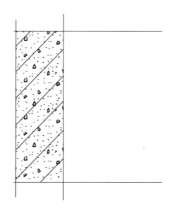

图 9-2-3　钢筋混凝土墙面

扫码观看
绘制A节点图墙
体剖切层视频

三、绘制 A 节点图材料与结构层

① 选中左端纵向辅助直线，按"Delete"键删除，或者输入快捷命令"E"，选中中间偏左的纵向直线，单击"复制"按钮，或者输入快捷命令"CO"，向右进行复制，输入数值为"2"，按"空格"键确认。

② 选中复制后的直线作为参照线，单击"复制"按钮，或者输入快捷命令"CO"，向右进行复制，输入数值为"30"，按"空格"键确认。

③ 依次选中复制后的直线，单击"复制"按钮，或者输入快捷命令"CO"，向右进行复制，输入数值依次为"20""9"，按"空格"键确认（图 9-3-1）。

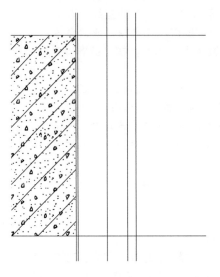

图 9-3-1　制直线

四、绘制 A 节点图防水材料

① 选中图形的下边线为参照线，单击"偏移"按钮，或者输入快捷命令"O"，输入数值为"25"，按"空格"键确认，依次向上进行偏移（图 9-4-1）。

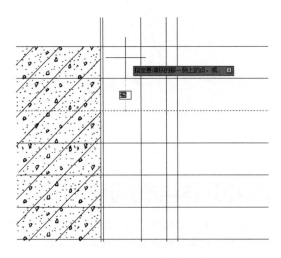

图 9-4-1　向上偏移直线

② 单击"图案填充"按钮，或者输入快捷命令"H"，打开"图案填充和渐变色"管理框，在"图案填充选项板"中选择图案样例"SOLID"，单击"确定"按钮，关闭"填充图案选项板"。比例为默认值"0"，单击"拾取点"按钮，在图中选择需要填充的部位，按"空格"键确认，单击"确定"按钮，完成图案填充。

③ 选择辅助的直线，按"Delete"键，或者输入快捷命令"E"进行删除（图9-4-2）。

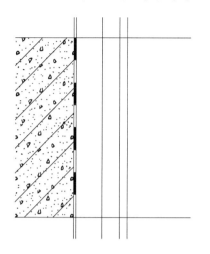

扫码观看
绘制A节点图防
水材料视频

图 9-4-2　删除辅助线

五、绘制 A 节点图木方与剖切层

① 选中图形的下边线，单击"复制"按钮，或者输入快捷命令"CO"，向上复制，输入数值为"50"，按"空格"键确认。单击"直线"按钮，或者输入快捷命令"L"，按快捷键"F3"打开对象捕捉，在图中绘制交叉线，制作木方结构（图9-5-1）。木方结构的图层应设置为"所有填充"图层。

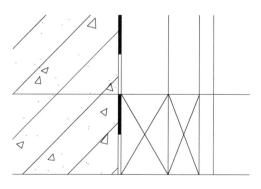

图 9-5-1　木方结构

② 选中复制后的直线，单击"复制"按钮，或者输入快捷命令"CO"，向上复制，输入数值为"2"。选中复制后的直线，单击"复制"按钮，或者输入快捷命令"CO"，向上进行复制，输入数值为"40"，按"空格"键确认，单击"直线"按钮，或者输入快捷命令

"L"，在复制的直线间绘制交叉直线，制作木方结构。选中复制的直线图形，单击"修剪"按钮，或者输入快捷命令"TR"，进行修剪（图9-5-2）。

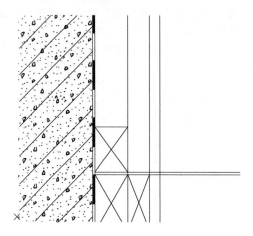

图9-5-2　修剪图形

③ 选中纵向的一条直线，单击"打断于点"按钮，处理直线（图9-5-3）。

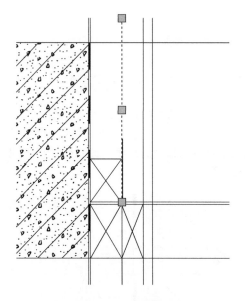

扫码观看
绘制A节点图木
方与剖切层视频

图9-5-3　处理直线

六、绘制A节点图七厘板、饰面板剖切层

① 选中打断于点后的直线，单击"偏移"按钮，或者输入快捷命令"O"，输入数值为"3"，按"空格"键确认，将直线依次向右进行偏移（图9-6-1）。

② 选中直线，单击"复制"按钮，或者输入快捷命令"CO"，向上复制，输入数值为"16"，按"空格"键确认（图9-6-2）。

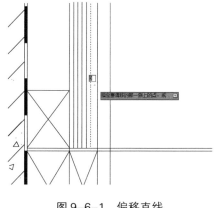

图 9-6-1　偏移直线

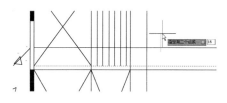

图 9-6-2　复制直线

③ 选中绘制的图形，单击"修剪"按钮，或者输入快捷命令"TR"，进行修剪（图 9-6-3）。

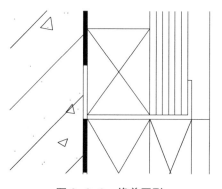

图 9-6-3　修剪图形

扫码观看
绘制A节点图七
厘板、饰面板剖
切层视频

七、绘制 A 节点图木螺栓、钢钉剖切切面

① 单击"直线"按钮，或者输入快捷命令"L"，在上方方的下部位置，绘制木螺钉，选中绘制的图形，单击"修剪"按钮，或者输入快捷命令"TR"，进行修剪（图 9-7-1）。

② 在下方的木方处，单击"直线"按钮，或者输入快捷命令"L"，绘制出钢钉的上半部分，输入快捷命令"MI"，使用"镜像"命令，绘制出钢钉的下半部分。选中绘制的图形，单击"修剪"按钮，或者输入快捷命令"TR"，进行修剪，完成钢钉的绘制（图 9-7-2）。钢钉的图层应设置为"所有填充"图层。

③ 单击"图案填充"按钮，或者输入快捷命令"H"，打开"图案填充和渐变色"管理框，在"图案填充选项板"中选择图案样例"JIS-LC-20"，单击"确定"按钮，关闭"填充图案选项板"。比例设置为"0.25"，单击"拾取点"按钮，在图中选择填充部位，按"空格"键确认，单击"确定"按钮，关闭"图案填充和渐变色"管理框，完成图案填充（图 9-7-3）。

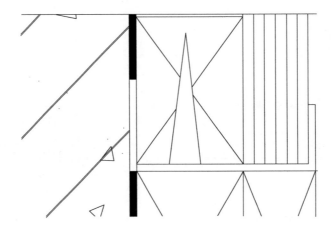

图 9-7-1　修剪木螺钉

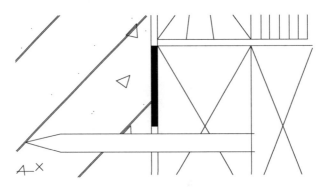

图 9-7-2　绘制钢钉

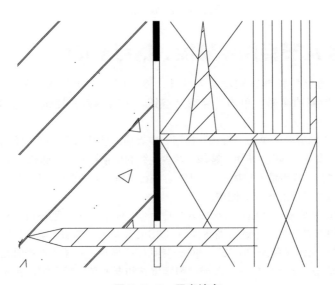

扫码观看
绘制 A 节点木
螺栓、钢钉
剖切面视频

图 9-7-3　图案填充

八、绘制 A 节点图踢脚剖切结构层

① 在下方的右侧是一个踢脚，为了快速方便地完成，可以选中"1—1 剖面图"中绘制好的踢脚，单击"复制"按钮进行复制，或者输入快捷命令"CO"，复制到合适位置。

② 选中绘制的图形，单击"修剪"按钮，或者输入快捷命令"TR"，进行修剪（图 9-8-1）。踢脚线的图层应设置为"立面造型线及界面线"图层。

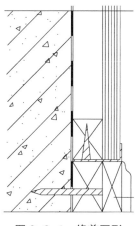

扫码观看
绘制 A 节点图
踢脚剖切
结构层视频

图 9-8-1　修剪图形

九、绘制 A 节点图折断线

① 单击"直线"按钮，或者输入快捷命令"L"，在图形的上方绘制折断线，表示以上部位是无限延长的，选中绘制的图形，单击"修剪"按钮，或者输入快捷命令"TR"，进行修剪。

② 选中绘制的图形，单击"修剪"按钮，或者输入快捷命令"TR"，修剪掉上方纵向直线，完成项目点的绘制（图 9-9-1）。

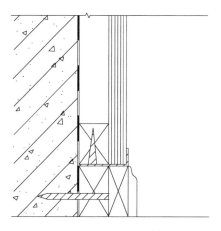

扫码观看
绘制 A 节点图
折断线视频

图 9-9-1　项目点的绘制

十、A 节点图尺寸标注与材料注释

下面对绘制的项目点图进行尺寸标注及材料文字注释说明，只需要标注关键部位即可，部分尺寸可以到"1—1 剖面图"中查询。

① 单击菜单栏中的"标注"按钮，选择下滑栏中的"线性标注"，或者输入快捷命令"D"，打开"线性标注管理器"，单击"替代"按钮。打开"替代当前样式：尺寸标注"管理框，在"文字"中，将"文字高度"设置为"2.5"，将"从尺寸线偏移"设置为"0.625"。在"符号和箭头"中，将"箭头大小"设置为"1"。在"线"中，将"超出尺寸线"设置为"1"，"起点偏移量"设置为"2"。"全局比例"设置为"5"，单击"确定"按钮，关闭"替代当前样式：尺寸标注"管理框，单击"关闭"按钮，关闭"线性标注管理器"。

② 单击菜单栏中的"标注"按钮，选择下滑栏中的"线性"，或者输入快捷命令"DLI"，在图中进行尺寸标注（图 9-10-1），单击鼠标右键选择"重复线性"，或者输入快捷命令"DCO"，进行尺寸标注。

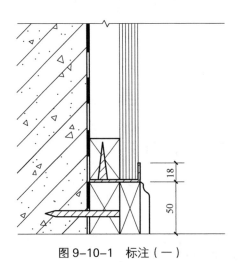

图 9-10-1　标注（一）

③ 选中绘制的图形，输入快捷键"B"，按"空格"键确认，打开"块定义"管理框，将名称设置为"项目点图 a"，单击"确定"按钮。选中组成块的图形，单击"缩放"按钮，或者输入快捷命令"SC"，输入比例因子"10"，按"空格"键确认，将其扩大 10 倍（图9-10-2）。

④ 选中提前制作好的材料文字注释说明，单击"移动"按钮，或者输入快捷命令"M"，将其移动到绘制图中的合适位置，输入快捷命令"LE"，绘制引线（图 9-10-3）。

指定比例因子或　🔽 10

图 9-10-2　比例因子"10"

 说明

制作文字标注时，将其标注材料的厚度进行说明，减少尺寸标注，使图更简洁，清晰。

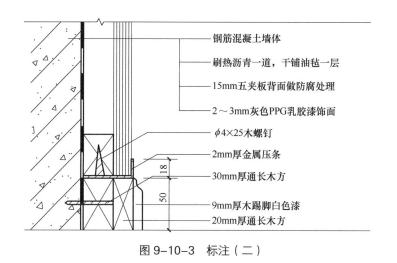

钢筋混凝土墙体

刷热沥青一道,干铺油毡一层

15mm五夹板背面做防腐处理

2～3mm灰色PPG乳胶漆饰面

φ4×25木螺钉

2mm厚金属压条

30mm厚通长木方

9mm厚木踢脚白色漆

20mm厚通长木方

图 9-10-3　标注（二）

扫码观看
A节点图尺寸标
注与材料
注释视频

十一、绘制 A 节点图图名与比例

① 单击"圆"按钮，输入快捷命令"C"，在图形下方绘制半径为"350"的圆。选中"大样图 2"中的图名及比例，单击"复制"按钮，输入快捷命令"CO"，将其复制到绘制的半径为"350"的圆中，鼠标双击数字"2"，打开"文字格式"管理框，选中数字修改为字母"A"，单击"确定"按钮，退出管理框，用鼠标双击比例"1∶10"，打开"文字格式"管理框，选中比例修改为"1∶5"，单击"确定"按钮（图 9-11-1）。

② 修改比例为"1∶5"是因为按图"1—1 剖面图"的比例为"1∶50"，将其放大 10 倍，则比例相应与"1—1 剖面图"有所变化，所以通过计算的比例为"1∶5"。调整比例位置，完成项目施工节点图 A 的绘制（图 9-11-2）。

图 9-11-1　修改比例

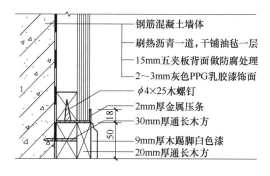

钢筋混凝土墙体

刷热沥青一道,干铺油毡一层

15mm五夹板背面做防腐处理

2～3mm灰色PPG乳胶漆饰面

φ4×25木螺钉

2mm厚金属压条

30mm厚通长木方

9mm厚木踢脚白色漆

20mm厚通长木方

图 9-11-2　项目施工节点图 A

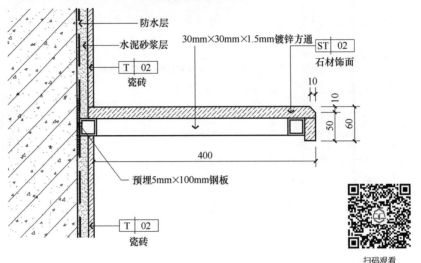

项目练习：绘制宾馆室内淋浴间墙身施工节点图

宾馆室内淋浴间墙身节点 1:5

扫码观看
绘制 A 节点图
图名与比例视频

制作分析

第一步：根据尺寸绘制淋浴间墙身结构层、防水层、水泥砂浆层、预制钢板。

第二步：根据尺寸绘制台面瓷砖饰面与镀锌方通结构层。

第三步：标注材料文字、尺寸标注。

第四步：图名与详图符号、比例标注。

文档保存与虚拟输出打印

第十章

● 任务目标

通过对本项目的学习，掌握以下技能与方法：

□ 能够描述图纸的图框的正确制图顺序；

□ 在绘制图框的时候能够对线型的粗细进行调整，并完成图框的绘制；

□ 能够说出图形的几种不同的保存格式；

□ 能够描述图纸虚拟打印输出的正确顺序，并完成图纸的虚拟打印输出。

● 任务内容

对图纸进行合理布局编排，并能够正确地进行图纸 **PDF** 格式的虚拟打印输出。绘制效果如图 10-0-1 所示。

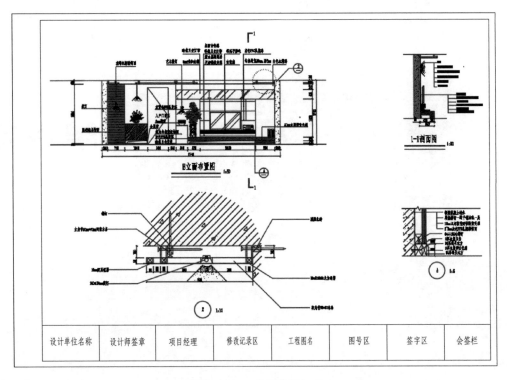

图 10-0-1　虚拟输出打印

● 实施条件

1. 台式计算机或笔记本电脑。

2. AutoCAD 正版软件。

一、绘制图框

① 输入快捷命令"LA",打开"图形特性管理器",按"Alt+N"新建图层,图层名称为"图框",颜色为"蓝色",线宽为"0.6毫米",单击"确定"并将其置为当前(注意:图框的线,内矩形为粗线,外矩形为细线)。

② 单击"矩形"按钮,或者输入快捷命令"REC",指定一点后,输入"D",输入数值为"420",按"空格"键确认,再输入数值"297",按"空格"键确认,绘制一个长为420、宽为297的矩形(图10-1-1)。

③ 选中绘制完成的矩形,单击"偏移"按钮,或者输入快捷命令"O",输入偏移数值为"5",按"空格"键确认,将绘制矩形向内进行偏移,将外矩形颜色设置为"黄色",线宽设置为"0.15毫米",内矩形仍保持"图框"图层的特性。选中偏移后的内矩形,单击"分解"按钮,或者输入快捷命令"X",将其进行分解。分解后,选中内矩形的左边线,输入快捷命令"E",进行删除。选中外侧矩形的左边线,输入快捷命令"O",按"空格"键,输入数值"25",按"空格"键后向右点击,输入快捷命令"MA",运用"特性匹配",点击内矩形中其他任意三条线中的一条,再点击偏移后的线,使其拥有和其他三条线相同的特性。输入快捷命令"TR",对多余的线进行修剪(图10-1-2)。

图10-1-1　绘制矩形

图10-1-2　图框绘制

④ 在制图中常使用的标题栏格式有四种(图10-1-3)。此次使用的是标题栏(二)的格式。

⑤ 选中粗边矩形的下边线,单击"偏移"按钮,向上进行偏移,输入数值为"30",按"空格"键确认,单击"直线"按钮,或者输入快捷命令"L",在内矩形的左下方绘制一条竖直线(图10-1-4)。

⑥ 选中绘制的竖直线,单击"偏移"按钮,或者输入快捷命令"O",输入偏移距离,数值为"50",按"空格"键确认,向右依次进行偏移,完成偏移,按"Esc"键退出(图10-1-5)。

⑦ 单击"多行文字"按钮,或者输入快捷命令"T",在左侧第一个格子中指定两点,打开"文字格式"管理框,将文字高度设置为"5",输入文字"设计单位名称",单击"确定"按钮,退出"文字格式"管理。选中文字"设计单位名称",单击"复制"按钮,或

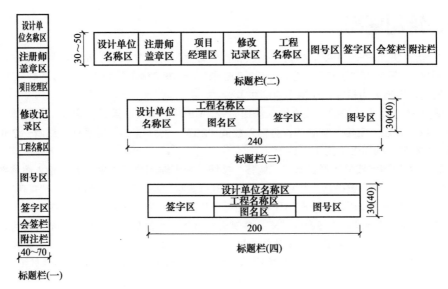

标题栏(一)

标题栏(二)

标题栏(三)

标题栏(四)

图 10-1-3　标题栏格式

图 10-1-4　绘制直线

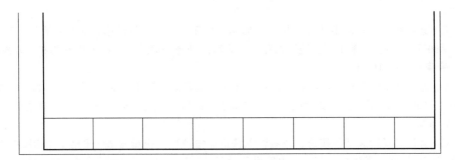

图 10-1-5　直线

者输入快捷命令"CO"，将文字依次复制到其余格子中，按"Esc"键退出。用鼠标依次双击格子里的文字，进行修改，依次修改为"设计师签章""项目经理签章""修改记录区""工程图名""图号区""签字区""会签栏"，修改后单击"确定"按钮（图10-1-6）。

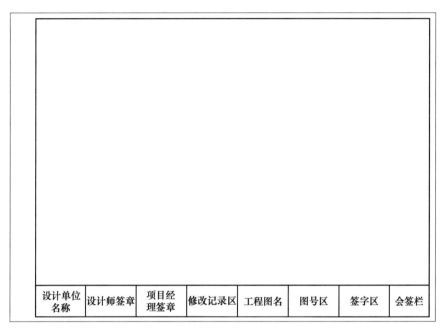

设计单位名称	设计师签章	项目经理签章	修改记录区	工程图名	图号区	签字区	会签栏

图 10-1-6　文字

扫码观看
绘制图框视频

这样，完成 A3 图纸图幅的绘制。

二、模型中套图框

①　选中绘制的图框，单击"复制"按钮，或者输入快捷命令"CO"，依次向下进行复制，复制三个。

②　选中其中两个复制的图框，输入快捷命令"SC"，指定一个基点，输入比例因子"100"，放大图框，选中之前绘制好的室内家具平面布置图和室内顶面布置图，单击"移动"按钮，或者输入快捷命令"M"，将其移动到缩放后的第一个图框中的合适位置（图10-2-1）。

③　选中第二个缩放后的图框，输入快捷命令"M"，将其移动到第一个图框的左侧，选中之前绘制好的室内原始结构平面图和室内地面材料铺装图，单击"移动"按钮，或者输入快捷命令"M"，将其移动到缩放后的第二个图框中的合适位置（图10-2-2）。

④　选中复制的第三个图框，输入快捷命令"SC"，指定一个基点，输入比例因子"50"，放大图框，输入快捷命令"M"，将其移动到第一个图框的右侧，选中之前绘制好的 B 立面图、1—1 剖面图、详图和节点图，单击"移动"按钮，或者输入快捷命令"M"，将其移动到缩放后的第三个图框中的合适位置（图10-2-3）。

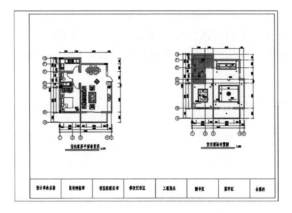

图 10-2-1　家具布置图和顶面图

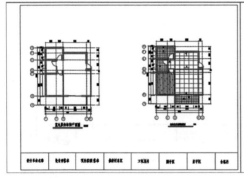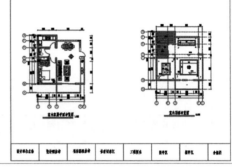

图 10-2-2　原始结构图和地面铺装图

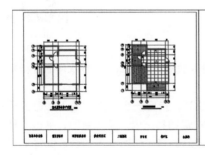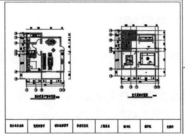

图 10-2-3　完成图

 说明

　　移动调整完成图形在图框中的放置，便可以进行输出打印。这样打印出来的图纸更加便利、美观。

扫码观看
模型中套图框
视频

三、文档的保存

① 当用鼠标单击菜单栏中的"保存"按钮时，会自动保存成 2018 版本（图 10-3-1）。

图 10-3-1　保存

② 换一种方式，通过"另存为"看一下。单击文件图标，在下滑栏中选择"另存为"中的"图形"，打开"图形另存为"管理框（图 10-3-2）。

图 10-3-2　图形另存为

③ 在"图形另存为"管理框中，将文件名修改为"建筑装 2004 完整版 2018 最新 1"。用鼠标单击文件类型框右边的黑色小箭头，可以看到有很多类型可以选择，在这里的 "AutoCAD 2018 图形（*.dwg）"只是默认选择（图 10-3-3）

④ 可以将图形保存成"*.dwg"格式的图形，有 2000、2004、2007、2010、2013 的版本，AutoCAD 软件只能用高版本打开低版本的，若带着 2013 版本的图形去打印，打印店里的计算机只安装了 2010 的版本则会打不开，所以保存时要保存成 2004 版本，这样，几乎所有的计算机都可以打开，因为现在计算机中大部分安装的都是 2004 以上的版本，单击"保存"按钮，将文件进行保存（图 10-3-4）。

图 10-3-3　文件名及文件类型

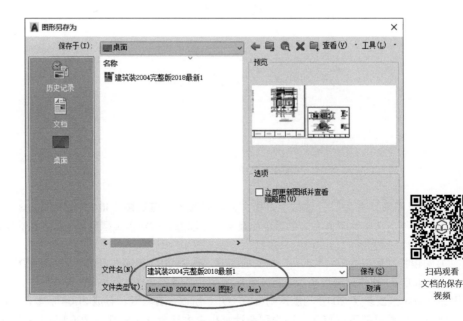

图 10-3-4　文件保存

扫码观看
文档的保存
视频

四、图纸虚拟打印输出

制图用的计算机可能是没有连接打印机的，但可以打印出 PDF 的图片。

① 选择"B 立面布置图及其详图"进行打印（图 10-4-1）。

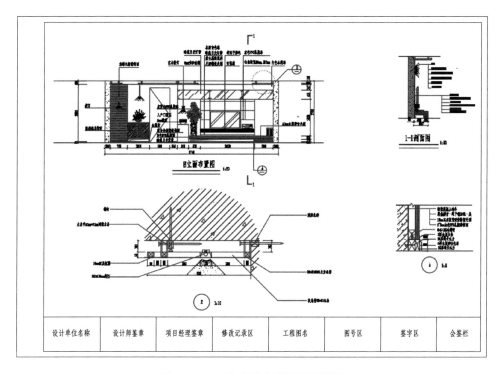

图 10-4-1　B 立面布置图及其详图

② 单击选项栏中的"打印"按钮，快捷键为"Ctrl+P"（图 10-4-2）。

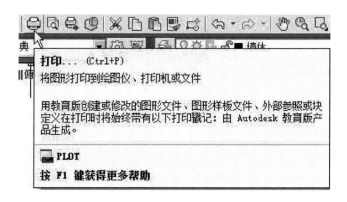

图 10-4-2　打印

③ 打开"打印 – 模型"管理框，在"打印机 / 绘图仪"中的名称中选择"DWG To PDF.pc3"（图 10-4-3）。

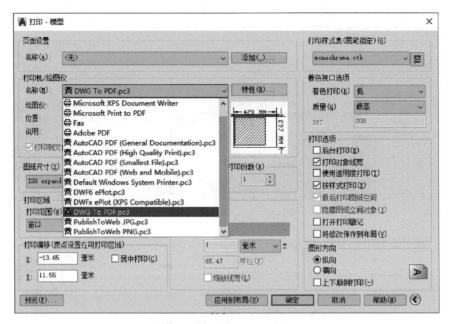

图 10-4-3　选择"DWG To PDF.pc3"

④ 点击"图纸尺寸"的下拉菜单，找到"ISO A3（420.00×297.00 毫米）"并点击（图 10-4-4）。

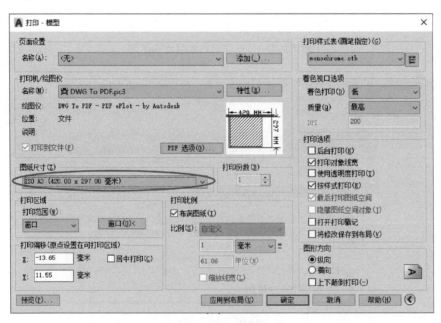

图 10-4-4　图纸尺寸

⑤ 选完图纸尺寸，点击"名称"后的"特性"按钮，找到"修改标准图纸尺寸（可打印区域）"（图10-4-5）。

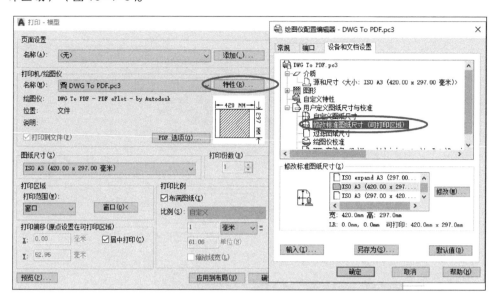

图 10-4-5　绘图仪配置编辑器

⑥ 在"修改标准图纸尺寸"中找到"ISO A3（420.00×297.00 毫米）"并点击（图10-4-6）。

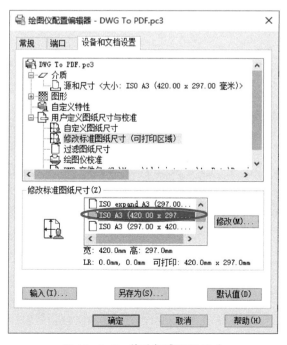

图 10-4-6　修改标准图纸尺寸

⑦ 点击完后，接着点击后方的"修改"按钮，会弹出"自定义图纸尺寸 – 可打印区域"对话框，并将上、下、左、右都改为"0"，点击"下一步""完成""确定"（图 10-4-7）。

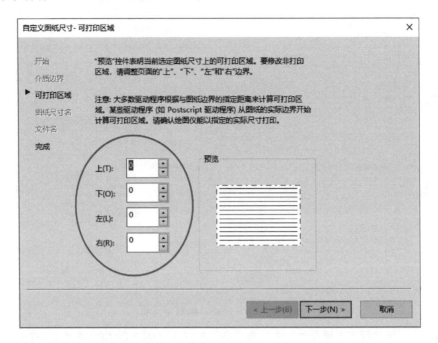

图 10-4-7　自定义图纸尺寸 – 可打印区域

⑧ 在"打印样式表（画笔指定）"选择"monochrome.ctb"为黑白打印样式（图 10-4-8）。

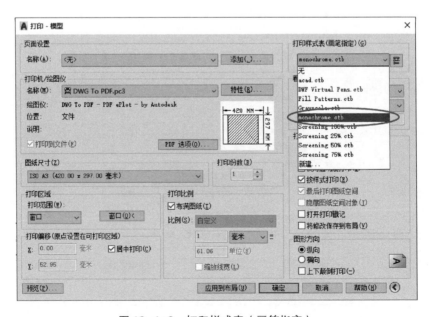

图 10-4-8　打印样式表（画笔指定）

⑨ 在"着色视口选项"中,"着色打印"为"按显示","质量"为"最高"(图 10-4-9)。

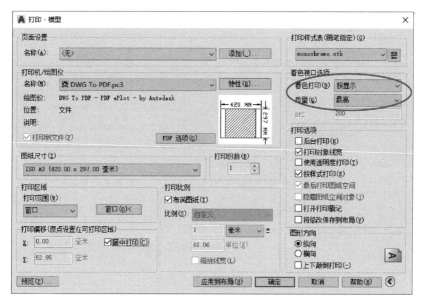

图 10-4-9　着色视口选项

⑩ 在"打印偏移(原点设置在可打印区域)"中选择"居中打印"(图 10-4-10)。

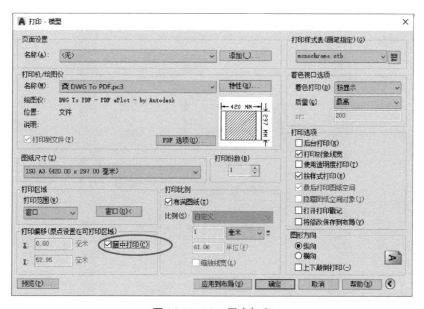

图 10-4-10　居中打印

⑪ 在"打印区域"中的"打印范围"选择"窗口",根据提示,在图中指定第一个点和对角点(图 10-4-11)。

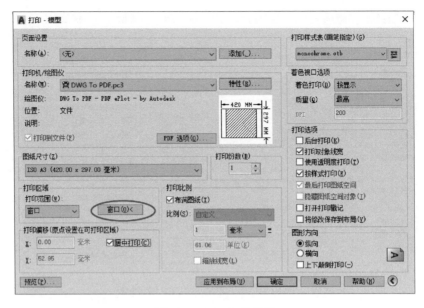

图 10-4-11　打印范围

⑫ 可以看到打印出的效果（图 10-4-12 ）。

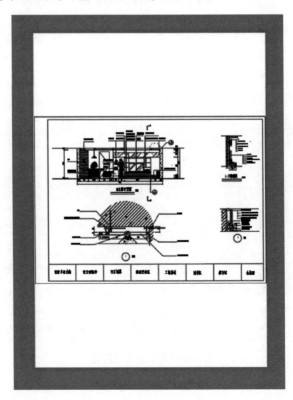

图 10-4-12　纵向效果

此时，我们看到纸张纵向打印比横向的纸张打印图会显小，同时数据会不太清晰，所以对纸张方向进行调整，使打印图更美观耐看。

⑬ 打开更全面的"打印 – 模型"管理框，在右侧"图形方向"中选择"横向"（图 10–4–13）。

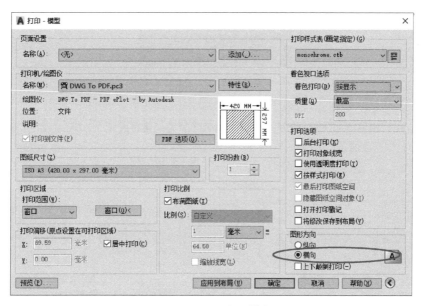

图 10-4-13　选择"横向"

⑭ 单击"预览"按钮，可以看到横向纸张打印图的效果（图 10-4-14）。

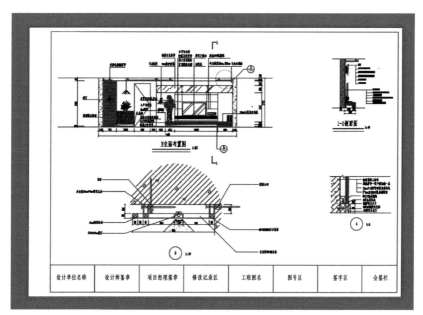

图 10-4-14　横向效果图

⑮ 单击上方菜单栏处"打印"按钮，或者按"回车"键（图 10-4-15）。

图 10-4-15　打印

⑯ 打开"预览打印文件"管理框，将文件名修改为"建筑装饰 2018B 立面"，单击"保存"按钮，保存至桌面（图 10-4-16）。

图 10-4-16　修改文件名

⑰ 最小化"Auto CAD"操作界面，在桌面上看到保存的"建筑装饰 2018B 立面"文件，双击打开，会出现要打印的效果图（图 10-4-17）。

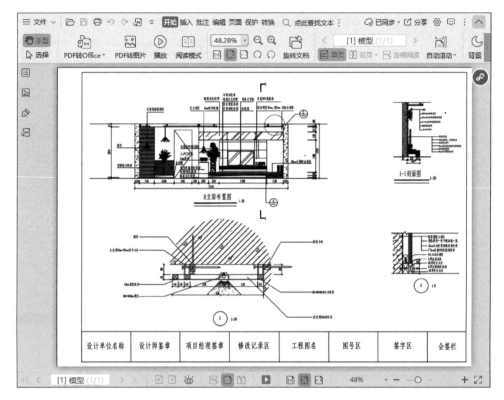

图 10-4-17　打印效果图

扫码观看
图纸虚拟打印
输出视频

项目练习

1. 选择题

（1）如果从模型空间中打印一张图，打印比例为 10：1，那么想在图纸上得到 3mm 高的字，应在图形中设置的字高为（　　）？

A. 3mm　　　　　　　B. 0.3mm　　　　　　C. 30mm　　　　　　D. 10mm

（2）CAD 中的绘图空间可分为（　　）。

A. 模型空间　　　　　B. 图纸空间　　　　　C. 发布空间　　　　D. 打印空间

（3）当布局中包括多个视口时，每个视口的比例（　　）。

A. 可以相同　　　　　B. 可以不同　　　　　C. 必须相同　　　　D. 需要确定

2. 将一个制作好的 DWG 格式文件，输出打印为 PDF 格式文件。

附 录

附录一　AutoCAD 按键说明

类型	序号	按钮	名称	命令	快捷键	功能
标准工具按钮	1		新建	QNEW		创建空白的图形文件
	2		打开	OPEN	Ctrl+O	打开现有的图形文件
	3		保存	QSAVE	Ctrl+S	保存当前图形文件
	4		打印	PLOT	Ctrl+P	将图形打印到绘图仪、打印机或文件
	5		打印预览	PREVIEW	PR	模拟图形的打印效果
	6		3DDWF	3DDWF	3DD	启动三维 DWF 发布界面
	7		剪切到剪贴板	CUTCLIP	Ctrl+X	将对象复制到剪贴板并从图形中删除
	8		复制到剪贴板	COPYCLIP	Ctrl+C	将对象复制到 Windows 剪贴板
	9		粘贴	PASTECLIP	Ctrl+V	插入 Windows 剪贴板的数据
	10		特性匹配	MATCHPROP	Ctrl+Z	将选定对象的特性应用到其他对象
	11		块编辑器	BEDIT	Ctrl+Y	在块编辑器中打开块定义
	12		放弃	U	U	取消上一次操作
	13		重做	REDO	RE	恢复上一个用 UNDO 或 U 命令放弃的效果
	14		实时平移	PAN	PAN	在当前视口中移动试图
	15		实时缩放	ZOOM	ZO	放大或缩小显示当前视口中对象的外观尺寸
	16		窗口缩放			
	17		缩放上一个	ZOOM P	ZO	显示上一个视图

类型	序号	按钮	名称	命令	快捷键	功能
标准工具按钮	18		特性	PROPERTIES	Ctrl+1	控制现有对象的特性
	19		设计中心	ADCENTER	Ctrl+2	管理和插入块、外部参照和填充图案等内容
	20		工具项项板	TOOLPALETTES	Ctrl+3	显示或隐藏工具选项板窗口
	21		图纸集管理器	SHEETSET	Ctrl+4	打开"图纸集管理器"
	22		标记集管理器	MARKUP	Ctrl+7	显示已加载标记集的相关信息及其状态
	23		快速计算器	QUICKCALC	Ctrl+8	显示或隐藏快速计算器
	24		帮助	HELP	HE	显示连机帮助
绘图工具按钮和命令	25		直线	LINE	L	绘制直线段
	26		构造线	XLINE	XL	绘制无限长的线
	27		多段线	PLINE	PL	绘制二维多段线
	28		正多边形	POLYGON	POL	绘制等边闭合多段线
	29		矩形	RECTANG	RE	绘制矩形多段线
	30		圆弧	ARC	ARC	绘制圆弧
	31		圆	CIRCLE	CIR	绘制圆
	32		修订云线	REVCLOUD	RE	绘制连续圆弧的多段线构成云线形
	33		样条曲线	SPLINE	SP	创建非一致有理 B 样条曲线
	34		椭圆	ELLIPSE	EL	绘制椭圆或椭圆弧
	35		椭圆弧	ELLIPSE	EL	绘制椭圆弧

类型	序号	按钮	名称	命令	快捷键	功能
绘图工具按钮和命令	36		插入块	INSERT	IN	向当前图形插入块或图形
	37		创建块	BLOCK	BL	从选定对象创建块定义
	38		点	POINT	PO	绘制多个点对象
	39		图案填充	BHATCH	BH	用图案填充封闭区域或选定对象
	40		渐变色	GRADIENT	GR	使用渐变填充对封闭区域或选定对象进行填充
	41		面域	REGION	RE	将包含封闭区域的对象转换为面域对象
	42		添加选定对象	ADDSELECTED	AD	根据选定对象的类型启动绘制命令
	43		多行文字	MTEXT	MT	创建多行文字对象
修改工具按钮和命令	44		删除	ERASE	\<Delete\>	从图形中删除对象
	45		复制	COPY	CO	复制选定的对象
	46		镜像	MIRROR	MI	创建对象的镜像图像副本
	47		偏移	OFFSET	OFF	创建同心圆、平行线和等距曲线
	48		阵列	ARRAY	AR	创建按指定方式排列的多个对象副本
	49		移动	MOVE	MO	将对象在指定方向上平移指定的距离
	50		旋转	ROTATE	RO	绕基点旋转对象
	51		缩放	SCALE	SC	在 X、Y 和 Z 方向上同比放大或缩小对象
	52		拉伸	STRETCH	ST	移动或拉伸对象
	53		修剪	TRIM	TR	用其他对象定义的剪切边修剪对象
	54		延伸	EXTEND	EX	将对象延伸到另一边

类型	序号	按钮	名称	命令	快捷键	功能
修改工具按钮和命令	55		打断于点	BREAK	BR	在一点上打断选定的对象
	56		打断	BREAK	BR	在两点之间打断选定的对象
	57		合并	JOIN	JO	合并相似对象以形成一个完整的对象
	58		倒角	CHAMFER	CH	给对象加倒角
	59		圆角	FILLET	FI	给对象加圆角
	60		光顺曲线	BLEND	BL	在两条开放曲线的端点之间创建相切或平滑的样条曲线
	61		分解	EXPLODE	EXP	将复合对象分解为其部件对象
标注工具按钮和命令	62		线性标注	DIMLINEAR	DIML	创建线性标注
	63		对齐标注	DIMALIGNED	DIMA	创建对齐线性标注
	64		弧长标注	DIMARC	DIMA	创建弧长标注
	65		坐标标注	DIMORDINATE	DIMO	创建坐标点标注
	66		半径标注	DIMRADIUS	DIMR	创建圆和圆弧的半径标注
	67		折弯标注	DIMJOGGED	DIMG	创建圆和圆弧的折弯标注
	68		直径标注	DIMDIAMETER	DIMD	创建圆和圆弧的直径标注
	69		角度标注	DIMANGULAR	DIMA	创建角度标注
	70		快速标注	QDIM	QD	从选定对象中快速创建一组标记
	71		基线标注	DIMBASELINE	DIMB	从上一个或选定标注的基线做连续的线性、角度或坐标标注
	72		连续标注	DIMCONTINUE	DIMC	从上一个或选定标注的第二条尺寸界线做连续的线性、角度或坐标标注
	73		等距标注	DIMSPACE	DIMS	调整线性标注或角度标注之间的间距

类型	序号	按钮	名称	命令	快捷键	功能
标注工具按钮和命令	74		折断标注	DIMBREAK	DIMB	在标注或延伸线与其他对象交叉处折断或恢复标注和延伸线
	75		公差	TOLERANCE	TO	创建形位公差
	76		圆心标记	DIMCENTER	DIMC	创建圆和圆弧的圆心标记或中心线
	77		检验	DIMINSPECT	DIMI	添加或删除与选定标注相关联的检验信息
	78		折弯线性	DIMJOGLINE	DIMJ	在线性或对齐标注上添加或删除折弯线
	79		标注更新	DIMSTYLE	DIMS	用当前标注样式中更新标注对象
	80		标注样式	DIMSTYLE	DIMS	创建和修改标注样式
	81	ISO-25	标注样式控制	DIMSTYLE	DIM	快速选取标注的样式
图层与对象特性工具按钮和命令	82		图层特性管理器	LAYER	LA	管理图层和图层特性
	83		将对象的图层置为当前	LAYMCUR	LAY	将当前图层设置为选定对象所在的图层
	84		上一个图层	LAYERP	LAY	恢复上一个图层设置
	85		图层状态管理器	LAYERSTATE	LAY	保存、恢复或管理命名的图层对象
	86	□ByLayer	颜色控制	COLOR	COL	设置新对象的默认颜色和编辑现有对象的颜色
	87	——ByLayer	线型控制	LINETYPE	LIN	设置新对象的默认线型和编辑现有对象的线型
	88	——B...er	线宽控制	LWEIGHT	LWE	设置新对象的默认线宽和编辑现有对象的线宽
文字工具按钮和命令	89	A	多行文字	MTEXT	MT	创建多行文字对象
	90	AI	单行文字	TEXT	TE	输入文字的同时在屏幕上显示
	91	ABC	拼写检查	SPELL	SP	检查整个或部分图形中的拼写错误
	92	A	文字样式	STYLE	ST	创建、修改或指定文字样式

附录二　室内装饰设计基本尺寸

室内家庭装修设计的基本尺寸			
名称	深度（高度）/cm	长度/cm	宽度（厚度）/cm
衣橱	60~65		40~65
推拉门	190~240	75~150	
矮柜	35~45		30~60
电视柜	60~70		45~60
单人床		180, 200	90, 120
	60（办公）	198（办公）	99（办公）
双人床		180, 200	150, 180
	60（办公）	200（办公）	150（办公）
圆床	直径：186, 212.5（常用）		
室内门	230, 240		5~6, 8(医院)
厕所、厨房门	230, 240		5, 6
窗帘盒	12~18 [单层布 12，双层布 16~18（实际尺寸）]		
单人沙发	85~90	80~95	
	80（办公）	85（办公）	85（办公）
单沙（坐垫）	35~42	单沙（背高）	70~90
双人沙发	80~90	126~150	
	80（办公）	150（办公）	85（办公）
三人沙发	80~90	175~196	
	85（办公）	180（办公）	98（办公）
四人沙发	80~90	232~252	
小型茶几（长形）	38~50（38 最佳）	60~75	45~60
中型茶几	43~50（正方形）	75~90（正方形）	38~50（正方形）
		120~135（长形）	60~75（长方形）
长形大型茶几	33~42（33 最佳）	150~180	60~80
圆形大型茶几	33~42	直径：75, 90, 105	
方形大型茶几	33~42		90, 105
固定式书桌	45~70（60 最佳），75		
活动式书桌	65~80, 75~73（注：书桌下缘离地至少 58；长度最少 90，以 150~180 为最佳）		
餐桌	75~78；68~72(西式)		一般方桌：120, 90
长方桌		150, 165	80, 90
活动未顶高柜	180~200		45
木隔间墙厚		（45~60）×90	6~10（厚）
桌类家具	70, 72, 74, 76		
椅凳类家具的坐面	40, 42, 44		

室内公共装修设计的基本尺寸			
商场营业厅			
名称	深度（高度）/cm	长度/cm	宽度（厚度）/cm
单边双人走道宽	160	双边双人走道宽	200
双边三人走道宽	230	双边四人走道宽	300
营业员柜台走道宽	80		
营业员货柜台	80~100		60
单层背立货架	180~230		30~50
双层背立货架	40~120		60~80
小商品橱窗	40~120		50~80
陈列地台高	40~80	敞开式货架	40~60
放射式售货架	直径200		
收款台		160	60
宾馆客房			
标准面积	大：25m² 中：16~18m² 小：16m²		
床	40~45		
床头柜	50~70		50~80
写字台	70~75	110~150	45~60
行李台	40	91~107	50
衣柜	180	90	80~120
沙发	35~40（背高100）		60~80
宾馆卫生间			
卫生间面积	3~5m²		
浴缸长度	45	122，152，168	72
化妆台		135	45
宾馆会议室			
中心会议室客容量	会议桌边长60		
环式高级会议室客容量	环形内线长70~100		
环式会议室服务通道宽	600~800		
宾馆灯具			
大吊灯最小高度	240	壁灯高	150~180
反光灯槽最小直径	等于或大于灯管直径2倍		
壁式床头灯高	120~140	照明开关高	100
写字楼办公家具			
办公桌	70~80	120~160	50~65
办公椅	40~45	450	450
书柜	180	深45~50	120~150
书架	180	深35~45	100~130